第2版

亓江文　主审

GONGCHA PEIHE YU CELIANG JISHU SHIXUN JIAOCHENG

公差配合与测量技术实训教程

周养萍　编著

U0280615

西北大学出版社
·西安·

图书在版编目（CIP）数据

公差配合与测量技术实训教程 / 周养萍编著. —2版. —西安：
西北大学出版社，2024.8
　　ISBN 978-7-5604-5378-1

　　Ⅰ.①公… Ⅱ.①周… Ⅲ.①公差—配合—教材 ②技
术测量—教材 Ⅳ.①TG801

　　中国国家版本馆CIP数据核字（2024）第091271号

公差配合与测量技术实训教程

编　　著	周养萍
出版发行	西北大学出版社
地　　址	西安市太白北路 229 号
邮　　编	710069
电　　话	029-88303313
经　　销	全国新华书店
印　　装	西安华新彩印有限责任公司
开　　本	787mm×1092mm　1/16
印　　张	8.75
字　　数	190 千字
版　　次	2011年6月第1版　2024年8月第2版
	2024年8月第10次印刷
书　　号	ISBN 978-7-5604-5378-1
定　　价	28.00 元

本版图书如有印装质量问题，请拨打电话029-88302966 予以调换。

前　言

　　高等职业技术教育的培养目标是为社会培养较高层次的应用型和技能型人才。本教材编写的指导思想是：按照机械类人才培养目标，面向机械工业各类企业车间、计量室的实际需求，突出针对性和实用性，依据"必须够用"的原则，重点解决"测什么、为什么测、怎么测"的问题，达到掌握几何量测量基本理论知识和基本操作技能的目的。本教材内容的编排是以三项基本几何量误差和典型零件的几何参数误差为检测对象，以测量的四要素为框架，介绍基本测量原理和操作方法及相关的基础知识。

　　本书由西安航空职业技术学院周养萍编著，西安飞机工业（集团）有限责任公司亓江文担任主审。

　　由于编者水平有限，希望广大读者对书中不妥之处予以批评指正。

编　者

2024 年 4 月

实验实训室规程

一、实验实训室是教学、科研的重要场所,要始终贯彻"安全第一"的思想,确保人员和设备的安全。

二、实验实训第一堂课,教师必须对学生进行安全教育并带领学生对设备安全操作规程进行学习。

三、学生进入实验实训室后,要严格遵守各项规定,听从教师指导,否则教师有权停止其实验,以至令其退出实验实训室。

四、设备开启前,要认真检查所接的线路,不准私自动用仪器设备;经教师同意后,方可接通电源,严禁擅自通电操作。

五、危险品、特种设备等要有专人妥善保管,实验实训室要配备相应消防器材,并放置在规定位置。

六、学生操作设备时,要仔细观察,准确记录,如发现异常现象,应立即关闭电源,保护现场,实训教师要做到妥善处理。

七、实验实训教师及责任人要定期检查仪器、仪表的完好、安全情况,及时维修有故障的仪器设备,防止事故发生。

八、在实验实训中,因违章操作、玩忽职守、忽视安全而酿成火灾、被盗、贵重仪器损坏等重大事故,要按学校有关规定及时上报,对隐瞒事故者将从严处理。

九、进入实验实训室须按要求统一着装,未经允许不得随意进入实验实训室,严禁将私人物品放入实验实训室。

十、实验实训室内严禁吸烟、喧哗、随地吐痰、乱丢纸屑,禁止嬉闹及做与课程无关的事情。

十一、实验实训课结束后,要关好水、电、门窗,关闭电源,整理好设备。

目　录

项目 1　测量技术基础

❯ 1.1　概述

1.1.1　测量与检验

几何量测量是机械制造业中最基本、最主要的检测任务之一，也是保证机械产品加工与装配质量必不可少的重要技术措施。测量技术主要研究如何对零件的几何量进行测量和检验，零件的几何量包括长度、角度、几何形状、相互位置、表面粗糙度等。

测量是指将被测量与一个作为测量单位的标准量进行比较，从而确定被测量量值的过程。

一个完整的测量过程包括以下四个方面的内容：

（1）测量对象：主要指零件上有精度要求的几何参数。

（2）测量单位：也称计量单位。我国的法定计量单位中长度计量单位为米（m），平面角的角度计量单位为弧度（rad）及度（°）、分（′）、秒（″）。

（3）测量方法：指测量时所采用的测量器具、测量原理、检测条件的综合。

（4）测量精度：是指测量结果与真值的一致程度。在测量过程中，不可避免地存在着测量误差，测量精度和测量误差是两个相互对应的概念。测量误差小，说明测量结果更接近真值，测量精度高；测量误差大，说明测量结果远离真值，测量精度低。对测量过程中误差的来源、特性、大小进行定性、定量分析，以便消除或减小某种测量误差或者明确测量总误差的变动范围，是保证测量质量的重要措施。

检验是一个比测量含义更广泛的概念。在几何量测量技术中，检验一般指通过一定的手段，判断零件几何参数的实际值是否在给定的允许变动范围之内，从而确定产品是否合格。在检验中，并不一定要求知道被测几何参数的具体量值。

例如，用塞规检验孔的尺寸。检验时，只要量规的通端能通过被检验零件，止端不能通过被检验零件，该零件尺寸即为合格。

1.1.2　几何量测量的目的和任务

在零件的加工过程中，在机器与仪器的装配及调整过程中，不论是为了控制产品的最终质量，还是为了控制生产过程中每一工序的质量，都需要直接或间接地进行一系列测量和检验工作,有的是针对产品本身的,有的是针对工艺装备的,否则产品质量就得不到保证。因此测量技术的目的就是为了保证产品的质量,保证互换性的实现,同时也为不断提高制造技术水平、提高劳动生产率和降低成本创造条件。

几何量测量的目的就是为了确定被测工件几何参数的实际值是否在给定的允许范围之内,因此几何量测量的主要任务是:

(1)根据被测工件的几何结构和几何精度的要求,合理地选择测量器具和测量方法。

(2)按一定的操作规程,正确地实施检测方案,完成检测任务,并得出检测结论。

(3)通过测量,分析加工误差的来源与影响,以便改进工艺或调整装备,提高加工质量。

1.2 长度基准与长度量值传递系统

1.2.1 长度基准的建立

为了保证工业生产中长度测量的精确度,首先要建立统一、可靠的长度基准。国际单位制中的长度单位基准为米(m),机械制造中常用的长度单位为毫米(mm),精密测量时多用微米(μm)为单位,超精密测量时则用纳米(nm)为单位。它们之间的换算关系如下:

$$1m=1000mm, \qquad 1mm=1000\mu m, \qquad 1\mu m=1000nm。$$

随着科学技术的不断进步和发展,国际单位"米"也经历了三个不同的阶段。早在1719年,法国政府决定以地球子午线通过巴黎的四千万分之一的长度作为基本的长度单位——米。1875年国际米尺会议决定制造具有刻线的基准米尺,1889年第一届国际计量大会通过该米尺作为国际米原器,并规定了1米的定义为:"在标准大气压和0℃时,国际米原器上两条规定的刻线之间的距离"。国际米原器由铂铱合金制成,存放在法国巴黎的国际计量局,这是最早的米尺。

在1960年召开的第十一届国际计量大会上,考虑到光波干涉测量技术的发展,决定正式采用光波波长作为长度单位基准,并通过了关于米的新定义:"米的长度等于氪(86Kr)原子的2p10与5d5能量级之间跃迁所对应的辐射在真空中波长的1 650 763.73倍"。从此实现了长度单位由物理基准转换为自然基准的设想,但因以氪(86Kr)辐射波长作为长度基准,使其复现精度受到一定限制。

随着光速测量精度的提高,在1983年召开的第十七届国际计量大会上审议并批准了又一个米的新定义"米等于光在真空中1/299 792 458秒的时间间隔内的行程长度"。米的新定义带有根本性变革,它仍然属于自然基准范畴,但建立在一个重要的基本物理常数(真空中的光速)的基础上,其稳定性和复现性是原定义的100倍以上,实现了质的飞跃。

米的定义的复现主要采用稳频激光,我国采用碘吸收稳定的0.633μm氦氖激光辐射作为波长基准。

1.2.2　长度量值传递系统

　　用光波波长作为长度基准,虽然能够达到足够的准确性,但不便在生产中直接应用。为了保证量值统一,必须建立各种不同精度的标准器,通过逐级比较,把长度基准量值应用到生产一线所使用的计量器具中去,用这些计量器具去测量工件,就可以把基准单位量值与机械产品的几何量联系起来。这种系统称为长度量值传递系统,如图1-1所示。

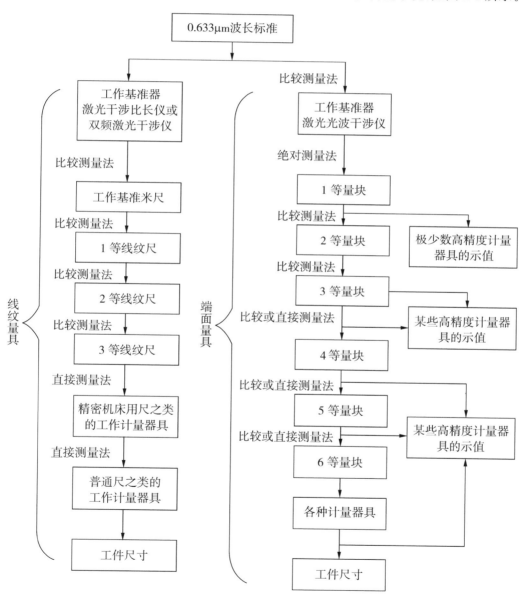

图 1-1　长度量值传递系统

1.2.3 量块

量块是机械制造中精密长度计量应用最广泛的一种实体标准,也是生产中常用的工作基准器和精密量具。量块是一种没有刻度的平行端面量具,其形状一般为矩形截面的长方体或圆形截面的圆柱体(主要应用于千分尺的校对棒)两种,常用的为长方体(图 1-2)。量块有两个平行的测量面和四个非测量面,测量面极为光滑平整,非测量面较为粗糙。两测量面之间的距离 L 为量块的工作尺寸。量块的截面尺寸如表 1-1 所列。

表 1-1 量块的截面尺寸

量块工作尺寸(mm)	量块截面尺寸(mm^2)
<0.5	5×15
≥0.5~10	9×30
>10	9×35

量块一般用铬锰钢或其他特殊合金制成,其线膨胀系数小,性质稳定,不易变形,且耐磨性好。量块除了作为尺寸传递的媒介,还广泛用来检定和校对量具、量仪;相对测量时用来调整仪器的零位;有时也可直接检验零件;同时还可用于机械行业的精密划线和精密调整等。

1. 量块的中心长度

量块长度是指量块上测量面的任意一点到与下测量面相研合的辅助体(如平晶)平面间的垂直距离。量块虽然精度很高,但其测量面也非理想平面,两测量面也不是绝对平行,可见量块长度并非处处相等。因此量块的尺寸是指量块测量面上中心点的量块长度,用符号 L 来表示,即用量块的中心长度尺寸代表工作尺寸。量块的中心长度是指量块上测量面的中心到与下测量面相研合的辅助体(如平晶)表面间的距离,如图 1-3 所示。量块上标出的尺寸为名义上的中心长度,称为名义尺寸(标称长度),如图 1-2 所示。

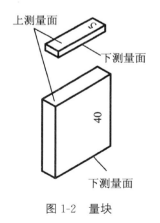

图 1-2 量块

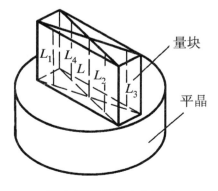

图 1-3 量块的中心长度

2. 量块的精度等级

(1)量块的分级。按国标的规定,量块按制造精度分为 6 级,即 00 级、0 级、1 级、2 级、3 级、K 级。其中 00 级精度最高,3 级精度最低,K 级为校准级。各级量块的精度指标见表 1-2。

表 1-2　各级量块的精度指标(摘自 GB/T6093—2001)　　　　　单位:mm

标称长度	00 级		0 级		1 级		2 级		3 级		标准级 K	
	①	②	①	②	①	②	①	②	①	②	①	②
≤10	0.06	0.05	0.12	0.10	0.20	0.16	0.45	0.30	1.0	0.50	0.20	0.05
>10～25	0.07	0.05	0.14	0.10	0.30	0.16	0.60	0.30	1.2	0.50	0.30	0.05
>25～50	0.10	0.06	0.20	0.10	0.40	0.18	0.80	0.30	1.6	0.55	0.40	0.06
>50～75	0.12	0.06	0.25	0.12	0.50	0.18	1.00	0.35	2.0	0.55	0.50	0.06
>75～100	0.14	0.07	0.30	0.12	0.60	0.20	1.20	0.35	2.5	0.60	0.60	0.07
>100～150	0.20	0.08	0.40	0.14	0.80	0.20	1.60	0.40	3.0	0.65	0.80	0.08

注:①量块长度的极限偏差(±);②量块长度变动量允许值。

(2)量块的分等。量块按其检定精度分为 1,2,3,4,5,6 六等,其中 1 等精度最高,6 等精度最低。各等量块精度指标见表 1-3。

表 1-3　各等量块的精度指标(摘自 JJG2056—1999)　　　　　单位:mm

标称长度	1 等		2 等		3 等		4 等		5 等		6 等	
	①	②	①	②	①	②	①	②	①	②	①	②
≤10	0.05	0.10	0.07	0.10	0.10	0.20	0.20	0.20	0.5	0.4	1.0	0.4
>10～18	0.06	0.10	0.08	0.10	0.15	0.20	0.25	0.20	0.6	0.4	1.0	0.4
>18～35	0.06	0.10	0.09	0.10	0.15	0.20	0.30	0.20	0.6	0.4	1.0	0.4
>35～50	0.07	0.12	0.10	0.12	0.20	0.25	0.35	0.25	0.7	0.5	1.5	0.5
>50～80	0.08	0.12	0.12	0.12	0.25	0.25	0.45	0.25	0.8	0.6	1.5	0.6

注:①量块中心长度的极限误差(±);②量块平面平行性允许偏差。

量块按"级"使用时,以量块的名义尺寸作为工作尺寸,该尺寸包含了量块的制造误差。量块按"等"使用时,以经过检定后的量块中心长度的实际尺寸作为工作尺寸,该尺寸排除了量块制造误差的影响,仅包含检定时较小的测量误差。因此,量块按"等"使用比按"级"使用精度高。

3. 量块的研合性

量块的测量面非常光滑和平整,因此当表面留有一层极薄油膜时,经较轻的推压作用使它们的测量平面互相紧密接触,因分子间的亲和力,两块量块便能黏合在一起,量块的这种特性称为研合性,也称为黏合性。利用量块的研合性,就可以把尺寸不同的量块组合成量块组,得到所需要的各种尺寸。

4. 量块的组合

每块量块只有一个确定的工作尺寸,为了满足一定范围内不同尺寸的需要,量块是按一定的尺寸系列成套生产的,一套包含一定数量不同尺寸的量块,装在一个特制的木盒内。GB/T6093－2001《量块》共规定了 17 套量块,常用的几套量块的尺寸系列见表 1-4。

表 1-4　成套量块尺寸表(摘自 GB/T6093－2001)

套别	总块数	级别	尺寸系列(mm)	间隔(mm)	块数
1	91	00,0,1	0.5		1
			1		1
			1.001,1.002,…,1.009	0.001	9
			1.01,1.02,…,1.49	0.01	49
			1.5,1.6,…,1.9	0.1	5
			2.0,2.5,…,9.5	0.5	16
			10,20,…,100	10	10
2	83	00,0,1,2,(3)	0.5		1
			1		1
			1.005		1
			1.01,1.02,…,1.49	0.01	49
			1.5,1.6,…,1.9	0.1	5
			2.0,2.5,…,9.5	0.5	16
			10,20,…,100	10	10
3	46	0,1,2	1		1
			1.001,1.002,…,1.009	0.001	9
			1.01,1.02,…,1.09	0.01	9
			1.1,1.2,…,1.9	0.1	9
			2,3,…,9	1	8
			10,20,…,100	10	10
4	38	0,1,2,(3)	1		1
			1.005		1
			1.01,1.02,…,1.09	0.01	9
			1.1,1.2,…,1.9	0.1	9
			2,3,…,9	1	8
			10,20,…,100	10	10

注:带( )的等级,根据订货供应。

量块的组合方法及原则:

(1)选择量块时,无论是按"级"测量还是按"等"测量,都应按照量块的名义尺寸进行选取。若为按"级"测量,则测量结果即为按"级"测量的测得值。若为按"等"测量,则可将测出的结果加上量块检定表中所列各量块的实际偏差,即为按"等"测量的测得值。

(2)选取量块时,应从所给尺寸的最后一位小数开始考虑,每选一块量块应使尺寸至少消去一位小数。

（3）使量块数尽可能少，以减小积累误差，一般不超过 3～5 块。

（4）必须从同一套量块中选取，决不能在两套或两套以上的量块中混选。

（5）量块组合时，不能将测量面与非测量面相研合。

例如，要组成尺寸 36.375mm，若采用 83 块一套的量块，参照表 1-4，其选取方法如下：

$$
\begin{array}{r}
36.375 \\
-\ 1.005 \\ \hline
35.37
\end{array}
$$ ……第一块量块尺寸为 1.005mm，

$$
\begin{array}{r}
35.37 \\
-\ 1.37 \\ \hline
34
\end{array}
$$ ……第二块量块尺寸为 1.37mm，

$$
\begin{array}{r}
34 \\
-\ 4 \\ \hline
30
\end{array}
$$ ……第三块量块尺寸为 4mm，

$$
\begin{array}{r}
30 \\
-30 \\ \hline
0
\end{array}
$$ ……第四块量块尺寸为 30mm。

以上四块量块研合后的整体尺寸为 36.375mm。

》1.3   测量方法与测量器具

1.3.1   测量方法的分类

在测量中，测量方法是根据测量对象的特点来选择和确定的。特点主要指测量对象的尺寸大小、精度要求、形状特点、材料性质以及数量等。机械产品几何量的测量方法主要有以下几种。

1. 直接测量与间接测量

直接测量：测量时，可直接从测量器具上读出被测几何量数值的方法。例如，用千分尺、游标卡尺测量轴径，从千分尺、游标卡尺上就能直接读出轴的直径尺寸数值。

间接测量：当被测几何量无法直接测量时，可先测出与被测几何量有函数关系的其他几何量，然后通过一定的函数关系式进行计算求得被测几何量的

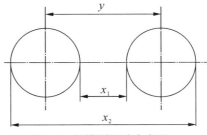

图 1-4   间接测量孔中心距

数值。如图 1-4 所示，对两孔的中心距 y 的测量，先用游标卡尺测出 x_1 和 x_2 的数值，然后按下式计算出孔心距 y 的数值。

$$
y = \frac{x_1 + x_2}{2} 。
$$
（1-1）

通常为了减小测量误差,都采用直接测量,但是当被测几何量不易直接测量或直接测量达不到精度要求时,就不得不采用间接测量了。

2. 绝对测量与相对测量

绝对测量(全值测量):测量器具的读数值是被测量的全值。例如,用千分尺测量零件的尺寸时,从千分尺上读出的数值就是被测量的全值。

相对测量(微差或比较测量):测量器具的读数值是被测几何量相对于某一标准量的相对差值。该测量方法有两个特点:一是在测量之前必须首先用量块或其他标准量具将测量器具调零;二是测得值是被测几何量相对于标准量的相对差值。例如用立式光学计测量轴径。

一般地,相对测量的测量精度比绝对测量的测量精度高,但测量过程较为麻烦。

3. 接触测量与非接触测量

接触测量:测量器具的测头与工件被测表面以机械测量力直接接触。例如游标卡尺测量轴径、百分表测量轴的圆跳动等。

非接触测量:测量器具的测量头与工件被测表面不直接接触,不存在机械测量力。例如,用投影法(如万能工具显微镜、大型工具显微镜)测量零件尺寸。

接触测量由于存在测量力,会使零件被测表面产生变形,引起测量误差,使测量头磨损、划伤被测表面,但是对被测表面的油污不敏感;非接触测量由于不存在测量力,被测表面不产生变形误差,因此特别适合薄壁结构易变形零件的测量。

4. 单项测量与综合测量

单项测量:单独测量零件的各个几何参数。例如,用工具显微镜可分别单独测量螺纹的中径、螺距、牙形半角等参数。

综合测量:检测零件两个或两个以上相关几何参数的综合效应或综合指标。

一般综合测量效率高,对保证零件互换性更为可靠,适用于只要求判断零件合格性的场合。单项测量能分别确定每个参数的误差,一般用于工艺分析(如分析加工过程中产生废品的原因等)。

5. 静态测量与动态测量

静态测量:测量时,测量器具的感受装置与被测件表面保持相对静止的状态。

动态测量:测量时,测量器具的感受装置与被测件表面处于相对运动的状态。

1.3.2 测量器具的分类

1. 量具

量具是以固定的形式复现量值,带有简单刻度的测量器具。它们大多没有量值的放大传递机构,结构简单,使用方便。如量块、卷尺、游标卡尺、千分尺等。

2. 量规

量规是一种没有刻度的专用量具。它只能用来检验零件是否合格,而不能获得被测几何量的具体数值。如塞规、卡规、环规、螺纹塞规、螺纹环规等。

3. 量仪

量仪是指将被测量转换成可直接观察的示值或信息的测量器具。量仪一般由被测量感受装置、放大传递装置、显示读数装置三大部分组成。它们结构复杂,操作要求严格,用途广泛、测量精度高,如百分表、千分表、立式光学计、工具显微镜等。

4. 测量装置

测量装置指为确定被测几何量量值所必需的测量器具和辅助设备的总体。它能够测量较多的几何量和较复杂的零件,提高测量或检验效率,提高测量精度,如连杆、曲轴、滚动轴承等零部件可用专用的测量装置进行测量。

1.3.3　测量器具的主要技术指标

测量器具的主要技术指标是表征测量器具技术性能和功用的指标,也是选择和使用测量器具的依据。

1. 分度值

分度值也称刻度值,是指测量器具标尺上一个刻度间隔所代表的测量数值,一般来说,测量器具的分度值越小,则该量具的测量精度就越高。

2. 示值范围

示值范围是指测量器具标尺上全部刻度范围所代表的被测量值。如图 1-5 所示,机械比较仪的示值范围为 $\pm 0.1\text{mm}(\pm 100\mu\text{m})$。

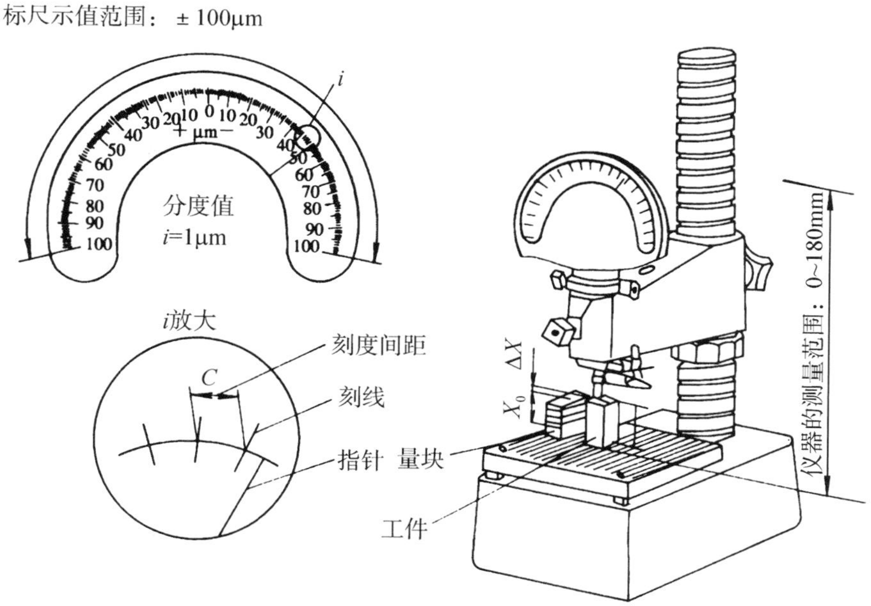

图 1-5　机械比较仪的部分计量参数

3. 测量范围

测量器具所能测出的最大和最小的尺寸范围。如图 1-5 所示,机械比较仪的测量范围为 0~180mm。

4. 灵敏度

灵敏度是能引起量仪指示数值变化的被测尺寸变化的最小变动量。

5. 示值误差

示值误差是量具或量仪上的示值与被测尺寸实际值之差。

6. 修正值

修正值是为消除系统误差,用代数法加到示值上以得到正确结果的数值,其大小与示值误差绝对值相等,而符号相反。

1.3.4　常用量具的使用

对于中、低精度的轴和孔,若生产批量较小,或需要得到被测工件的实际尺寸时,常用各种通用量具进行测量。通用量具按其工作原理的不同分为:游标类量具、螺旋测微类量具和机械量仪。

1. 游标类量具

应用游标读数原理制成的量具叫游标量具。常用游标类量具有游标卡尺、深度游标卡尺和高度游标卡尺。它们具有结构简单、使用方便、测量范围大等特点。

(1)结构。游标量具的结构如图 1-6 所示,其共同特征是都有主尺 1、副尺(游标尺)2以及测量爪(测量面),另外还有便于进行微量调整的微动机构 3 和锁紧螺钉 5 等。主尺上有毫米刻度,游标尺上的分度值分为 0.1mm,0.05mm,0.02mm 三种。

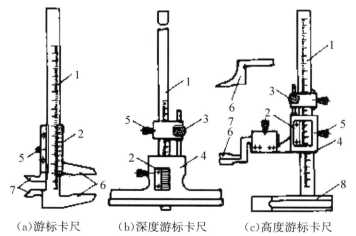

(a)游标卡尺　　　(b)深度游标卡尺　　　(c)高度游标卡尺

1—主尺　2—副尺(游标尺)　3—微动机构　4—测量基座　5—锁紧螺钉

6—外量爪　7—内量爪　8—底座

图 1-6　游标类量具

（2）读数原理。游标读数（游标细分）是利用主尺刻线间距与游标刻线间距之差实现的。

在图 1-7 中，主尺刻度间隔 $a=1$mm，游标刻度间隔 $b=0.9$mm，则主尺刻度间隔与游标刻度间隔之差为游标读数值 $i=a-b=0.1$mm。读数时，首先根据游标零线所处位置读出主尺刻度的整数部分；其次判断游标的第几条刻线与主尺刻线对准，此游标刻线的序号乘以游标分度值，则可得到小数部分的读数，将整数部分和小数部分相加，即为测量结果。在图 1-8 中游标

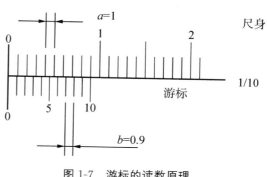

图 1-7　游标的读数原理

零线处在主尺 15 与 16 之间，而游标的第 4 条刻线与主尺刻线对准，所以游标卡尺的读数值为 15.4mm。

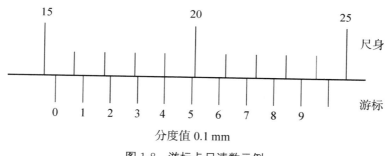

分度值 0.1 mm

图 1-8　游标卡尺读数示例

（3）正确使用。游标类量具虽然具有结构简单、使用方便等特点，但由于其本身不符合阿贝原则，且读数机构不能对毫米刻线进行放大，读数精度不高。因此，只适用于生产现场中，对一些中、低精度的长度尺寸进行测量。

游标卡尺适合于各种精度较低的内、外尺寸的测量；游标深度尺用于测量槽和盲孔深度及台阶高度比较适合；游标高度尺除可测量零件高度外，还可用于零件的精密划线。使用游标类量具应注意以下几点：

①使用前应将测量面擦干净，两测量爪间不能存在明显的间隙，并校对零位；

②移动游标时力量要适度，测量力不易过大；

③注意防止温度对测量精度的影响，特别要防止测量器具与零件不等温产生的测量误差；

④读数时视线要与标尺刻线方向一致，以免造成视差；

⑤尽量减少阿贝误差对测量的影响。

游标卡尺的示值误差随游标分度值和测量范围而变。例如，游标分度值为 0.02mm、

测量范围为 0～300mm 的游标卡尺,其示值误差不大于±0.02mm。

有的游标卡尺采用数字显示器进行读数,称为数显卡尺,这类卡尺消除了在读数时因视线倾斜而产生的视差。有的卡尺装有测微表头,便于读数,称为带表卡尺,这类卡尺提高了测量精度。

2. 螺旋测微类量具

应用螺旋微动原理制成的量具叫螺旋测微量具。常用的螺旋测微类量具有外径千分尺、内径千分尺、深度千分尺等(图 1-9)。外径千分尺主要用于测量中等精度的外尺寸,内径千分尺用于测量中等精度的内尺寸,深度千分尺则适于测量盲孔深度、台阶高度等。

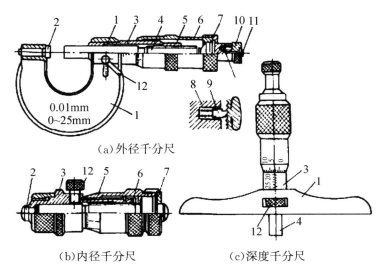

(a)外径千分尺

(b)内径千分尺　　　　　(c)深度千分尺

1—尺架　2—测量面　3—固定套筒　4—测微螺杆　5—调节螺母　6—微分筒
7—旋钮　8—弹簧　9—棘轮　10—测力装置　11—紧固螺钉　12—锁紧机构

图 1-9　螺旋测微类量具

(1)结构。螺旋测微量具主要由尺架 1、测量面 2、固定套筒 3、测微螺杆 4、调节螺母 5、微分筒 6、测力装置 10、锁紧机构 12 等组成。其结构主要有以下特点:

①结构设计符合阿贝原则;

②以精度很高的测微螺杆的螺距作为测量的标准量,测微螺杆和调节螺母配合精密且间隙可调;

③固定套筒和微分筒作为示数装置,用刻度线进行读数;

④有保证恒定测力的棘轮棘爪机构。

测微量具的常见规格如表 1-5 所列。

表 1-5　外径千分尺的示值范围和测量范围　　　　　　　　　　　单位:mm

类　别	外径千分尺
分度值	0.01
示值范围	25
测量范围	$0\sim25,25\sim50,\cdots,275\sim300$（按 25mm 分段） $300\sim400,400\sim500,\cdots,900\sim1000$（按 100mm 分段） $1000\sim1200,1200\sim1400,\cdots,1800\sim2000$（按 200mm 分段）

　　(2)读数原理。测微量具主要应用螺旋副传动，将微分筒的转动变为测微螺杆的移动。一般测微螺杆的螺距为 0.5mm，微分筒与测微螺杆连成一体，上刻有 50 条等分刻线。当微分筒旋转一圈时测微螺杆轴向移动 0.5mm；而当微分筒转过一格时测微螺杆轴向移动 0.5/50＝0.01（mm）。千分尺的读数方法首先应从固定套筒上读数（固定套筒上刻线的刻度间隔为 0.5mm），读出 0.5 的整数倍，然后在微分筒上读出其余小数。如图 1-10 所示。

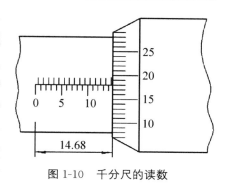

图 1-10　千分尺的读数

　　(3)正确使用。螺旋测微类量具因符合阿贝原则，具有较高放大倍数的读数机构、测力恒定装置且制造精度较高，所以测量精度要比相应的游标类量具高，在生产现场应用非常广泛。

　　外径千分尺由于受测微螺杆加工长度的限制，示值范围一般只有 25mm，因此，其测量范围分为 0～25mm，25～50mm，50～75mm，75～100mm 等，用于不同尺寸的测量。内径千分尺因需把其放入被测孔内进行测量，故一般只用于大孔径的测量。

　　螺旋测微类量具使用时要注意以下几点:

　　①使用前必须校对零位;

　　②手应握在隔热垫处，测量器具与被测件必须等温，以减少温度对测量精度的影响;

　　③当测量面与被测表面将要接触时，必须使用测力装置;

　　④测量读数时要特别注意固定刻度套筒上的 0.5mm 刻度。

3. 机械量仪

　　机械量仪是应用机械传动原理（如齿轮、杠杆等），将测量杆的位移进行放大，并由读数装置指示出来的量仪。

　　(1)百分表和千分表。百分表和千分表用于测量各种零件的线值尺寸、几何形状及位置误差，也可用于找正工件位置，还可与其他仪器配套使用。

　　常用百分表的传动系统由齿轮、齿条等组成（图 1-11）。测量时，当带有齿条的测量杆上升，带动小齿轮 Z_2 转动，与 Z_2 同轴的大齿轮 Z_3 及小指针也跟着转动，而 Z_3 要带动

小齿轮 Z_1 及其轴上的大指针偏转。游丝的作用是迫使所有齿轮作单向啮合,以消除齿侧间隙引起的测量误差。弹簧是用来控制测量力的。

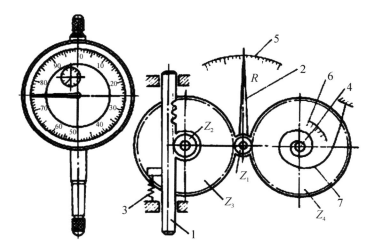

1—测量杆　2—指针　3—弹簧　4—小指针　5—刻度　6—小指针刻度　7—游丝

图 1-11　百分表结构及工作原理

杠杆百分表的工作原理如图 1-12 所示。测头的左右移动引起测杆 1 和与之相连的扇形齿轮 2 绕支点 0 摆动,从而带动齿轮 3 和与之相连的端面齿轮 5 转动,使与其啮合的小齿轮 4 和指针一起转动,从而读出表盘 6 上的示值数。

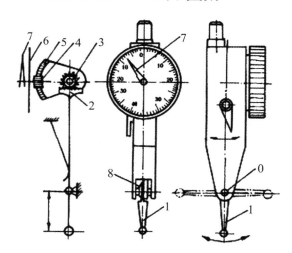

0—支点　1—测杆　2—扇形齿轮　3,4—齿轮　5—端面齿轮　6—表盘　7—指针

图 1-12　杠杆百分表结构及工作原理

百分表的表盘上刻有 100 等分,分度值为 0.01mm。当测量杆移动 1mm 时,大指针转动一圈,小指针转过一格。百分表的测量范围一般为 0～3mm,0～5mm 及 0～10mm,大行程百分表的行程可达 50mm。精度等级分为 0 级、1 级、2 级三级。0 级至 2 级的百

分表在整个测量范围内的示值误差为 0.01～0.03mm,任意一毫米内的示值误差为 0.006～0.018mm。

常用千分表的分度值为 0.001mm,测量范围为 0～1mm。千分表在整个测量范围内示值误差≤0.005mm,它适用于高精度测量。

百分表具有体积小、重量轻、结构简单、造价低等特点,又无须附加电源、光源、气源等,还可连续不断地感应尺寸的变化,也比较经久耐用,因此,百分表的应用十分广泛。除可单独使用外,百分表还能安装在其他仪器或检测装置中作测微表头使用。因其示值范围较小,故常用于相对测量以及某些尺寸变化较小的场合。百分表使用时应注意以下几点:

①测头移动要轻缓,距离不要太大,更不能超量程使用;

②测量杆与被测表面的相对位置要正确,防止产生较大的测量误差;

③表体不得猛烈震动,被测表面不能太粗糙,以免齿轮等运动部件受损。

(2)内径百分表。内径百分表是用相对测量法测量内孔的一种常用量仪。如图 1-13 所示,杠杆式内径百分表是由百分表和一套杠杆组成的。当活动量杆被工件压缩时,通过等臂杠杆、推杆使百分表指针偏转,指示出活动量杆的位移量。定位护桥起找正直径位置的作用。

以相对法测量孔的实际偏差时,首先必须根据被测孔的基本尺寸调整仪器的零位。内径百分表零位的调整方法,可用量块和量块夹进行调整,也可用百分尺或标准环进行调整。用标准环调整仪器零位既方便又可靠,但仅适用于大量或成批量的生产中。用量块夹或百分尺调整仪器零位时,须将内径百分表的测头放入量块夹或百分尺内,轻微摆动仪器,找出最小指示值,再转动百分表刻度盘使指针对准零位。测量时必须将量具轻微摆动,找出百分表最小指示值,即被测孔的实际偏差,如图 1-13 所示。

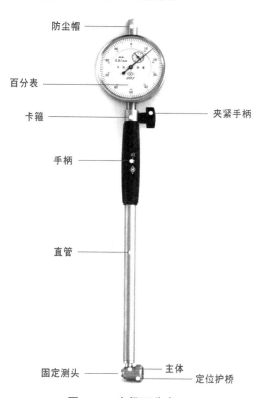

防尘帽

百分表

夹紧手柄

卡箍

手柄

直管

固定测头　　主体

定位护桥

图 1-13　内径百分表

内径百分表的分度值为 0.01mm,其测量范围一般为 6～10mm,10～18mm,18～35mm,35～50mm,50～100mm,100～160mm,160～250mm,250～450mm 等,涨簧式内径百分表测量的最小孔径可达到 3mm 左右。由于活动量杆的移动量很小,它的测量范围是靠更换固定量杆来扩大的。当内径百分表测量范围为 18～35mm 时,其示值误差不大于 0.015mm。

(3)杠杆齿轮比较仪。杠杆齿轮比较仪是一种利用不等臂杠杆齿轮传动,将测量杆的微小直线位移放大后变为角位移(指针偏转)的量仪。

图 1-14 是杠杆齿轮比较仪外形及内部结构。一般把比较仪安装在稳定的支架上,采用相对测量法进行精密外尺寸的测量。测量前须用量块调整仪器的零位。测量时,测头上下移动,使杠杆 R_3 发生摆动,其上的扇形齿轮 2 带动小齿轮 3 转动,从而使小齿轮 3 上的指针偏转,测得尺寸为被测尺寸相对于量块尺寸的微差。

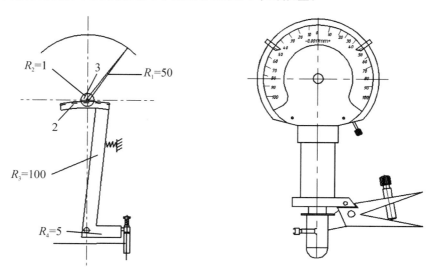

图 1-14　杠杆齿轮比较仪

杠杆齿轮比较仪的分度值为 0.001mm,刻度的示值范围为 ±0.1mm,示值误差为 ±0.5μm,其放大倍数为 1000。

≫ 1.4　测量误差

1.4.1　测量误差及其产生的原因

任何测量过程,无论采用如何精密的测量方法,其测得值都不可能为被测几何量的真值,这种由测量器具本身的误差和测量条件的限制而产生的测量结果与被测量真值之差称为测量误差。

测量误差常用以下两种指标来评定:

1. 绝对误差 δ

绝对误差 δ 是指测量结果(X)与被测量(约定)真值(X_0)之差,即

$$\delta = X - X_0 。 \tag{1-2}$$

因测量结果可能大于或小于真值,故 δ 可能为正值也可能为负值,将上式移项可得

下式：

$$X_0 = X \pm \delta。 \tag{1-3}$$

当被测几何量相同时，绝对误差 δ 的大小决定了测量的精度，δ 越小，测量精度越高；δ 越大，测量精度越低。

2. 相对误差 f

相对误差 f 是指当被测几何量不同时，不能再用绝对误差 δ 来评定测量精度，这时应采用相对误差来评定。所谓相对误差，是指测量的绝对误差 δ 与被测量（约定）真值（X_0）之比。

$$f = \frac{\delta}{X_0} \approx \frac{\delta}{X}。 \tag{1-4}$$

由上式可以看出，相对误差 f 是一个没有单位的数值，一般用百分数（%）来表示。

例如，有两个被测量的实际测得值 $X_1 = 100\text{mm}$，$X_2 = 10\text{mm}$，$\delta_1 = \delta_2 = 0.01\text{mm}$，则两次测量的相对误差为：

$$f_1 = \frac{\delta_1}{X_1} = \frac{0.01}{100} = 0.01\%，$$

$$f_2 = \frac{\delta_2}{X_2} = \frac{0.01}{10} = 0.1\%。$$

由上式可以看出，两个大小不同的被测量，虽然绝对误差相同，但其相对误差是不同的，由于 $f_1 < f_2$，故前者的测量精度高于后者。

3. 测量误差产生的原因

测量误差是不可避免的，但是由于各种测量误差的产生都有其原因和影响测量结果的规律，因此测量误差是可以控制的。要提高测量精确度，就必须减小测量误差，而要减小和控制测量误差，就必须对测量误差产生的原因进行了解和研究。产生测量误差的原因很多，主要有以下几个方面：

（1）测量器具误差：任何测量器具在设计制造、装配、调整时都不可避免地产生误差，这些误差一般表现在测量器具的示值误差和重复精度上。

例如，光学比较仪的设计中，采用了当 α 为无穷小时 $\sin\alpha \approx \alpha$，使测杆的直线位移与指针杠杆的角位移不成正比，而其标尺却采用等分刻度，这就会产生测量误差。

又如，游标卡尺的结构就不符合阿贝原则，标准量未安放在被测长度的延长线上或顺次排成一条直线。如图 1-15 所示，被测长度与标准量平行相距 S 放置，这样在测量过程中，由于卡尺活动量爪与卡尺主尺之间的配合间隙的影响，当倾斜角度 φ 为无穷小时，其产生的测量误差 δ 可按下式计算：

$$\delta = x - x' = S\tan\varphi \approx S\varphi。$$

设 $S = 30\text{mm}$，$\varphi = 1' \approx 0.0003\text{rad}$，则卡尺产生的测量误差为：

$$\delta = 30 \times 0.0003\text{mm} = 0.009\text{mm} = 9\mu\text{m}。$$

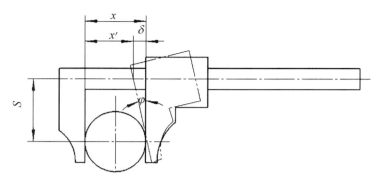

图 1-15　用游标卡尺测量轴径

显然,计量器具各个零件的制造误差和装配误差,也会给测量带来误差。

(2)基准误差:量块或标准件存在误差,相对测量时影响测量结果。

(3)温度误差:标准温度 20℃,由实际测量时的温度偏离引起。

(4)测量力误差:测量力的存在会造成接触变形,引入测量误差。

(5)读数误差:由不正确的读数姿势、习惯性的操作等引起。

1.4.2　测量误差

根据测量误差的性质和特点,测量误差可分为随机误差、系统误差、粗大误差。

1. 随机误差

在相同条件下多次测量同一量值时,以不可预知的方式变化的测量误差,称为随机误差。

随机误差的出现具有偶然性或随机性,它的存在以及大小和方向不受人的支配与控制,即单次测量之间误差的变化无确定的规律。随机误差是由测量过程中的一些大小和方向各不相同、又都不很显著的误差因素综合作用造成的。例如,仪器运动部件间的间隙改变、摩擦力变化、受力变形、测量条件的波动等。由于此类误差的影响因素极为复杂,对每次测得值的影响无规律可循,因此无法消除或修正。但在一定测量条件下对同一值进行大量重复测量时,总体随机误差的产生满足统计规律(图 1-16),即具有对称性、单峰性、有界性、抵偿性。

(1)对称性:绝对值相等的正负误差出现的概率相等。

(2)单峰性:绝对值小的误差比绝对值大的误差出现的次数多。

(3)有界性:绝对值很大的误差出现的概率接近于零。

(4)抵偿性:随机误差的算术平均值随测量次

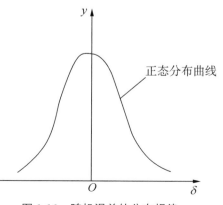

图 1-16　随机误差的分布规律

数的增加而趋近于零。

因此,可以利用分析和估算随机误差值的变动范围,并通过取平均值的办法来减小其对测量结果的影响。

2. 系统误差

在相同条件下多次测量同一量值时,误差值保持恒定;或者当条件改变时,其值按某一确定的规律变化的误差,统称为系统误差。系统误差按其出现的规律又可分为定值系统误差和变值系统误差。

(1)定值系统误差。在规定的测量条件下,其大小和方向均固定不变的误差。如量块长度尺寸的误差、仪器标尺的误差等。由于定值系统误差的大小和方向不变,对测量结果的影响也是一定值,因此它不能从一系列测得值的处理中得到揭示,而只能通过实验对比的方法去发现,即通过改变测量条件进行不等精度测量来揭示定值系统误差。例如,在相对测量中,用量块作标准件并按其标称尺寸使用时,由量块的尺寸偏差引起的系统误差,可用高精度的仪器对其实际尺寸进行检定来得到,或用更高精度的量块进行对比测量来发现。

(2)变值系统误差。在规定的测量条件下,遵循某一特定规律变化的误差。如测角仪器的刻度盘偏心引起的角度测量误差、温度均匀变化引起的测量误差等。变值系统误差可以从一组测量值的处理和分析中发现,方法有多种。常用的方法有残余误差观察法,即将测量列按测量顺序排列(或作图),观察各残余误差的变化规律。若残余误差大体正负相同,无显著变化,则不存在变值系统误差[图 1-17(a)];若残余误差有规律地递增或递减,且其趋势始终不变,则可认为存在线性变化的系统误差[图 1-17(b)];若残余误差有规律地增减交替,形成循环重复时,则认为存在周期性变化的系统误差[图 1-17(c)]。

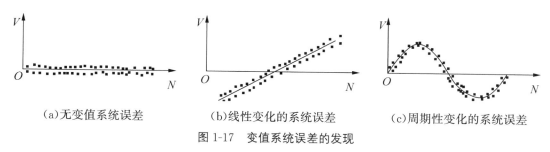

(a)无变值系统误差　　　　(b)线性变化的系统误差　　　　(c)周期性变化的系统误差

图 1-17　变值系统误差的发现

通过分析、实验或检定可以掌握一些系统误差的规律,并加以消除、修正或减小。有的系统误差的产生原因或大小难以确定,只能大致估算其可能出现的范围,故这类变值系统误差无法消除,也不能对测得值进行修正。

3. 粗大误差

超出了在一定条件下可能出现的误差,称为粗大误差。

粗大误差的出现具有突然性,它是由某些偶然发生的反常因素造成的。例如,外界的突然振动,测量人员的粗心大意造成的操作、读数、记录的错误等。这种显著歪曲测得值的粗大误差应尽量避免,且应在一系列测得值中按一定的判别准则予以剔除。如图1-18所示,根据粗大误差的判别准则,在测量列中发现测量序号为12的测得值的残差已大于判别准则的依据值,故应将12号的测得值剔除后重新对测得数据进行数据处理,即可消除粗大误差对测量结果的影响。

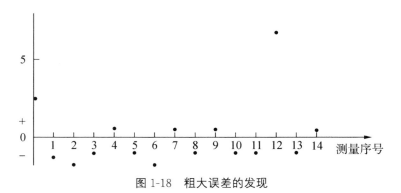

图 1-18 粗大误差的发现

1.4.3 测量精度

测量精度是指几何量的测得值与其真值的接近程度。它与测量误差是相对应的两个概念。测量误差越大,测量精度就越低;反之,测量误差越小,测量精度就越高。为了反映系统误差与随机误差的区别及其对测量结果的影响,以打靶为例进行说明。如图1-19所示,圆心表示靶心,黑点表示弹孔。图1-19(a)表现为弹孔密集但偏离靶心,说明随机误差小而系统误差大;图1-19(b)表现为弹孔较为分散但基本围绕靶心分布,说明随机误差大而系统误差小;图1-19(c)表现为弹孔密集而且围绕靶心分布,说明随机误差和系统误差都很小;图1-19(d)表现为弹孔既分散又偏离靶心,说明随机误差和系统误差都大。

根据以上分析,为了准确描述测量精度的具体情况,可将其进一步分为精密度、正确度和精确度。

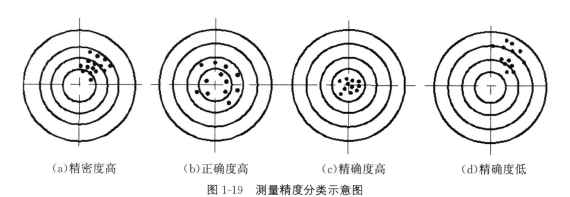

图 1-19 测量精度分类示意图

1. 精密度

精密度指在同一条件下,对同一几何量进行多次测量时,该几何量各次测量结果的一致程度,它表示测量结果受随机误差的影响程度。若随机误差小,则精密度高。

2. 正确度

正确度指在同一条件下,对同一几何量进行多次测量时,该几何量测量结果与其真值的符合程度,它表示测量结果受系统误差的影响程度。若系统误差小,则正确度高。

3. 精确度(准确度)

精确度表示对同一几何量进行连续多次测量时,所得到的测得值与其真值的一致程度,它表示测量结果受系统误差和随机误差的综合影响程度。若系统误差和随机误差都小,则精确度高。通常所说的测量精度指精确度。

按照上述分类可知:图 1-19(a)为精密度高而正确度低;图 1-19(b)为精密度低而正确度高;图 1-19(c)为精密度和正确度都高,因而精确度也高;图 1-19(d)为精密度和正确度都低,因而精确度也低。

》1.5　光滑工件尺寸的检测

1.5.1　测量误差对工件验收的影响

用普通测量器具在车间条件下测量并验收光滑工件,必须考虑测量误差对工件验收的影响,否则就不能保证工件的质量。

1. 测量不确定度

在车间条件下测量,环境条件较差,各种误差因素较多,再加上测量器具本身的误差等,会造成测量结果对其真值的偏离,偏离程度的大小用测量不确定度表征。测量不确定度是用来表征测量过程中各项误差综合影响测量结果分散程度的一个误差极限,一般用代号 μ 来表示。测量不确定度由测量器具的不确定度 μ_1 和测量条件的不确定度 μ_2 两部分组成。

2. 误收与误废

如果以被测工件的极限尺寸作为验收的边界值,在测量误差的影响下,实际尺寸超出公差范围的工件有可能被误判为合格品;实际尺寸处于公差范围之内的工件也有可能被误判为不合格品。这种现象,前者称为"误收",后者称为"误废"。例如,用示值误差为 $\pm 4\mu m$ 的千分尺验收

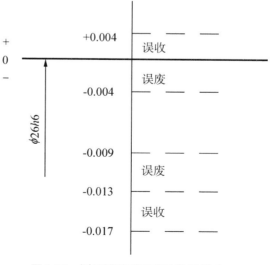

图 1-20　测量误差对工件验收的影响

$\phi 26h6\binom{0}{-0.0130}$的轴径时,验收结果如图 1-20 所示。

误收的工件不能满足预定的功能要求,使产品质量下降;误废则会造成浪费。这两种现象都是不利的。相比之下,误收具有更大的危害性。

1.5.2　安全裕度与验收极限

为了降低误收率,保证工件的验收质量,国标(GB/T3177-2009)规定了内缩的验收极限。内缩量称为安全裕度,用 A 表示。如图 1-21 所示。验收极限分别由被测工件的最大、最小极限尺寸向其公差带内移动一个安全裕度 A 值,这就形成新的上、下验收极限。这样,就尽可能地避免了误收,从而保证了零件的质量。上、下验收极限的计算:

$$上验收极限=D_{max}(d_{max})-A, \tag{1-5}$$

$$下验收极限=D_{min}(d_{min})+A。 \tag{1-6}$$

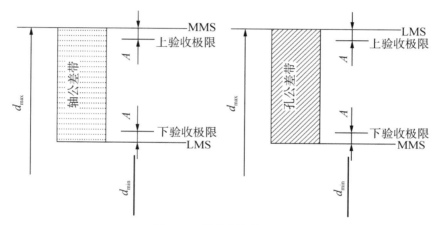

图 1-21　验收极限的配置

安全裕度 A 是测量不确定度 μ 的允许值。确定安全裕度时,必须从技术和经济两个方面综合考虑。A 值较大时,则可选用较低精度的测量器具进行检测,但减小了生产公差,因而加工经济性差;A 值较小时,要用较精密的测量器具,加工经济性好,但测量仪器费用高,增加了生产成本。因此,A 值应按被检验工件的公差大小来确定,一般为工件公差的 1/10。具体数值列于表 1-6。在此表中,还可相应地查出测量器具的不确定度允许值 μ_1,这个值可作为选择计量器具的依据。

表 1-6　安全裕度和计量器具不确定度允许值(摘自 GB/T3177-2009)　　　　单位:mm

零件公差	安全裕度 A	计量器具不确定度允许值 μ_1
>0.009~0.018	0.001	0.0009
>0.018~0.032	0.002	0.0018
>0.032~0.058	0.003	0.0027
>0.058~0.100	0.006	0.0054

零件公差	安全裕度 A	计量器具不确定度允许值 μ_1
>0.100~0.180	0.010	0.009
>0.180~0.320	0.018	0.016
>0.320~0.580	0.032	0.029
>0.580~1.000	0.060	0.054
>1.000~1.800	0.100	0.090
>1.800~3.200	0.180	0.160

1.5.3　计量器具的选择

在车间条件下使用普通测量器具对被测工件进行测量验收,要根据测量器具的不确定度允许值 μ_1 来选择适当的测量器具。国标规定,所选的测量器具,其不确定度数值 μ_1' 应不大于其允许值 μ_1,即 $\mu_1' \leqslant \mu_1$,这就是选择计量器具的基本原则。几种常用测量器具的不确定度 u,列于表 1-7~表 1-9。

表 1-7　游标卡尺、千分尺不确定度数值　　　　　　单位:mm

尺寸范围	不　确　定　度			
	分度值 0.01 的外径千分尺	分度值 0.01 的内径千分尺	分度值 0.02 的游标卡尺	分度值 0.05 的游标卡尺
>0~50	0.004			
>50~100	0.005	0.008		0.050
>100~150	0.006			
>150~200	0.007			
>200~250	0.008	0.013	0.020	
>250~300	0.009			0.100
>450~500	0.013	0.025		
>500~600				
>600~700		0.030		0.150
>700~1000				

注:①当采用比较测量时,千分尺的不确定度可小于本表规定的数值;

②当所选用的计量器具达不到 GB/T3177—2009 规定的 μ_1 值时,在一定范围内可以采用大于 μ_1 的数值,此时需按下式重新计算出相应的安全裕度(A' 值),再由最大实体尺寸和最小实体尺寸分别向公差带内移动 A' 值,定出验收极限 $A' = \dfrac{1}{0.9}u_1'$。

表 1-8 指示表不确定度数值 单位:mm

尺寸范围	不 确 定 度			
	分度值 0.001 的千分表（0 级在全程范围内，1 级在 0.2mm 内）分度值 0.002 的千分表（在 1 转范围内）	分度值 0.001,0.002,0.005 的千分表（1 级在全程范围内）分度值 0.01 的百分表（0 级在任意 1mm 范围内）	分度值 0.01 的百分表（0 级在全程范围内，1 级在任意 1mm 范围内）	分度值 0.01 的百分表（1 级在全程范围内）
≤25	0.005	0.010	0.018	0.030
>25～40				
>40～65				
>65～90				
>90～115				
>115～165	0.006			
>165～215				
>215～265				
>265～315				

注：测量时,使用的标准器由 4 块 1 级(或 4 等)量块组成。

表 1-9 比较仪不确定度数值 单位:mm

尺寸范围	不 确 定 度			
	分度值 0.0005 的（相当于放大倍数 2000 倍)比较仪	分度值 0.001 的（相当于放大倍数 1000 倍)比较仪	分度值 0.002 的（相当于放大倍数 400 倍)比较仪	分度值 0.005 的（相当于放大倍数 250 倍)比较仪
≤25	0.0005	0.0010	0.0017	0.0030
>25～40	0.0007			
>40～65	0.0008	0.0011	0.0018	
>65～90	0.0008			
>90～115	0.0009	0.0012	0.0019	
>115～165	0.0010	0.0013		
>165～215	0.0012	0.0014	0.0020	
>215～265	0.0014	0.0016	0.0021	0.0035
>265～315	0.0016	0.0017	0.0022	

注：测量时,使用的标准器由 4 块 1 级(或 4 等)量块组成。

1.5.4 计量器具选择实例

例 1-1 检验工件尺寸为 $\phi 40h9(^{0}_{-0.062})$，选择计量器具并确定验收极限。

解 (1)查表 1-6 得：$IT=0.062,A=0.006,\mu_1=0.0054$。

（2）选择计量器具：由工件尺寸 $\phi40$，选不确定度小于允许值并与允许值最接近的计量器具，查表 1-7 得：分度值 $i=0.01$ 的外径千分尺的不确定度 $\mu_1'=0.004\text{mm}$，$0.004<0.0054$，满足要求。

选择时注意：①测量外尺寸；②小于 μ_1 并与之最接近者。

（3）计算验收极限：

上验收极限 $=40-0.006=39.994\text{mm}$，

下验收极限 $=39.938+0.006=39.944\text{mm}$。

工件 $\phi40h9$ 的验收极限如图 1-22 所示。

例 1-2　检验工件尺寸为 $\phi30f8(^{-0.020}_{-0.053})\text{mm}$，选择计量器具并计算验收极限。

解　（1）查表 1-6 得：$\text{IT}=0.033$，$A=0.003$，$\mu_1=0.0027$。

（2）选择计量器具：查表 1-9，分度值 $i=0.002$ 比较仪的不确定度 $\mu_1'=0.0018$，$0.0018<0.0027$ 满足要求。

（3）计算验收极限：

上验收极限 $=29.98-0.003=29.977\text{mm}$，

下验收极限 $=29.947+0.003=29.950\text{mm}$。

工件 $\phi30f8$ 的验收极限如图 1-23 所示。

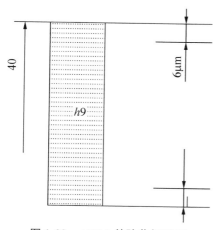

图 1-22　$\phi40h9$ 的验收极限图

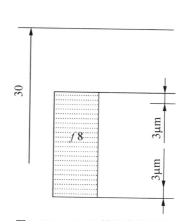

图 1-23　$\phi30f8$ 的验收极限图

应当指出：公差等级为 IT7 至 IT8 的工件，应使用分度值为 $i=0.002$ 的比较仪。但受条件限制，如果车间没有比较仪，可采用分度值为 $i=0.01$ 的千分尺作相对测量（比较测量）。测试实验证明，千分尺作相对测量时，其不确定度的实际值可减小，测量精度可提高 1～2 级，如表 1-10 所列，作为参考。

（4）采用相对测量时千分尺不确定度的查表法：车间没有比较仪时，采用分度值为 $i=0.01$ 的千分尺作相对测量，由表 1-10 可知，当采用形状不同的标准器时，其不确定度 $\mu_1'=0.00256$，$0.00256<0.0027$，能满足使用要求。由此可见，千分尺采用相对法测量

时,可使测量精度提高。

表 1-10　用千分尺作相对测量的精度提高情况

千分尺的测量范围(mm)	绝对测量		相对测量			
	对应的 μ_1 值(μm)	可测等级	采用形状相同的标准器时		采用形状不同的标准器时	
			对应的 μ_1 值(μm)	可测等级	对应的 μ_1 值(μm)	可测等级
0～25	4	IT10	1.55	IT7	2.53	IT8
＞25～50	4	IT9	1.59	IT7	2.56	IT8

项目 2　常用量具的使用

▷ 2.1　钢直尺、内外卡钳及塞尺

2.1.1　钢直尺的使用

钢直尺是最简单的长度量具,它的长度有 150mm,300mm,500mm 和 1000mm 四种规格。图 2-1 是常用的 150mm 钢直尺。

图 2-1　150mm 钢直尺

钢直尺用于测量零件的长度尺寸(图 2-2),它的测量结果不太准确。这是由于钢直尺

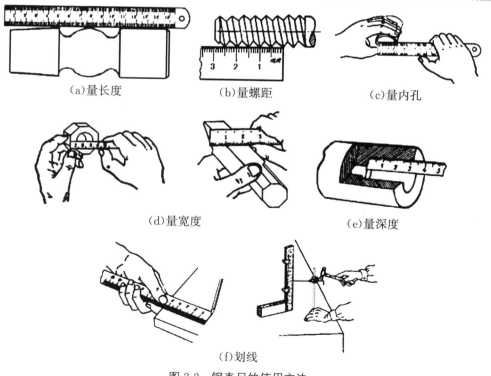

（a）量长度　　　　　　（b）量螺距　　　　　　（c）量内孔

（d）量宽度　　　　　　　　　　（e）量深度

（f）划线

图 2-2　钢直尺的使用方法

的刻线间距为 1mm，而刻线本身的宽度就有 0.1～0.2mm，所以测量时读数误差比较大，只能读出毫米数，即它的最小读数值为 1mm，比 1mm 小的数值，只能估计而得。

如果用钢直尺直接去测量零件的直径尺寸(轴径或孔径)，则测量精度更差。其原因是：除钢直尺本身的读数误差比较大以外，钢直尺还无法正好放在零件直径的正确位置。所以，零件直径尺寸的测量，也可以利用钢直尺和内外卡钳配合起来进行。

2.1.2　内外卡钳的使用

图 2-3 是常见的两种卡钳。内外卡钳是最简单的比较量具。外卡钳是用来测量外径和平面的，内卡钳是用来测量内径和凹槽的。它们本身都不能直接读出测量结果，而是把测得的长度尺寸(直径也属于长度尺寸)在钢直尺上进行读数，或在钢直尺上先取下所需尺寸，再去检验零件的直径是否符合。

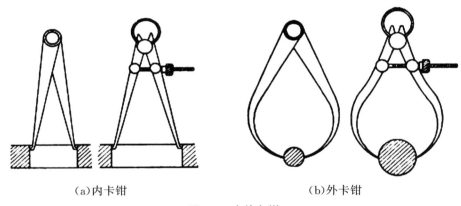

(a)内卡钳　　　　　　　　　(b)外卡钳

图 2-3　内外卡钳

1. 卡钳开度的调节

首先检查钳口的形状，钳口形状对测量精确性影响很大，应注意经常修整钳口的形状，图 2-4 为卡钳钳口形状好与坏的对比。调节卡钳的开度时，应轻轻敲击卡钳脚的两侧面。先用两手把卡钳调整到和工件尺寸相近的开口，然后轻敲卡钳的外侧来减小卡钳的开口，敲击卡钳内侧来增大卡钳的开口，如图 2-5(a)所示。但不能直接敲击钳口，如图 2-5(b)所示，这会造成钳的钳口损伤量面，从而引起测量误差；更不能在机床的导轨上敲击卡钳，如图 2-5(c)所示。

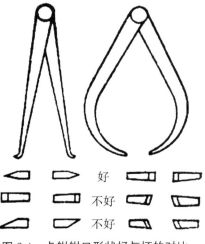

好
不好
不好

图 2-4　卡钳钳口形状好与坏的对比

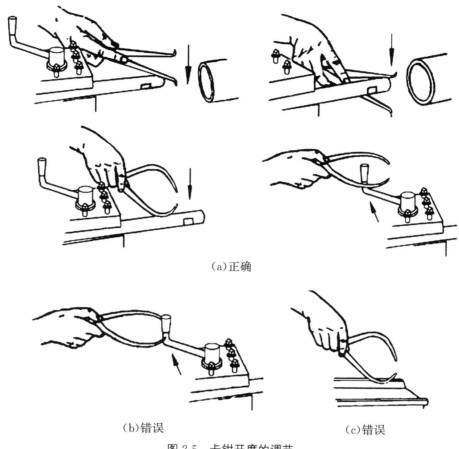

（a）正确

（b）错误　　　　　　　　　　　　（c）错误

图 2-5　卡钳开度的调节

2. 外卡钳的使用

外卡钳在钢直尺上取尺寸时，如图 2-6（a）所示，一个钳脚的测量面靠在钢直尺的端面上，另一个钳脚的测量面对准所需尺寸刻线的中间，且两个测量面的连线应与钢直尺平行，人的视线要垂直于钢直尺。

用已在钢直尺上取好尺寸的外卡钳去测量外径时，要使两个测量面的连线垂直零件的轴线，靠外卡钳的自重滑过零件外圆时，我们手中的感觉应该是外卡钳与零件外圆正好是点接触，此时外卡钳两个测量面之间的距离，就是被测零件的外径。所以，用外卡钳测量外径，就是比较外卡钳与零件外圆接触的松紧程度，如图 2-6（b）以卡钳的自重能刚好滑下为合适。如当卡钳滑过外圆时，我们手中没有接触感觉，就说明外卡钳比零件外径尺寸大；如靠外卡钳的自重不能滑过零件外圆，就说明外卡钳比零件外径尺寸小。切不可将卡钳歪斜地放上工件测量，这样有误差，如图 2-6（c）所示。由于卡钳有弹性，把外卡钳用力压过外圆是错误的，更不能把卡钳横着卡上去，如图 2-6（d）所示。对于大尺寸的外卡钳，靠它自重滑过零件外圆的测量压力已经太大了，此时应托住卡钳进行测量，如图 2-6（e）所示。

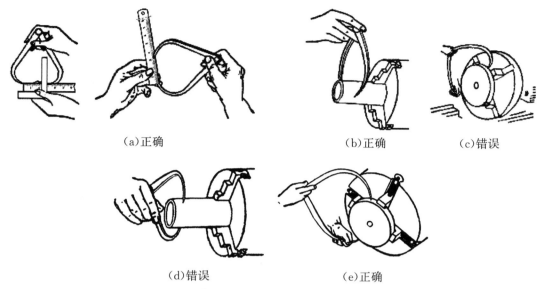

（a）正确 　　　　　　　　　　（b）正确 　　　　　（c）错误

（d）错误 　　　　　　　　　　（e）正确

图 2-6　外卡钳在钢直尺上取尺寸和测量方法

3. 内卡钳的使用

　　用内卡钳测量内径时，应使两个钳脚的测量面的连线正好垂直相交于内孔的轴线，即钳脚的两个测量面应是内孔直径的两端点。因此，测量时应将下面的钳脚的测量面停在孔壁上作为支点[图 2-7（a）]，上面的钳脚由孔口略往里面一些逐渐向外试探，并沿孔壁圆周方向摆动，当沿孔壁圆周方向能摆动的距离为最小时，则表示内卡钳脚的两个测量面已处于内孔直径的两端点了。再将卡钳由外至里慢慢移动，可检验孔的圆度公差，如图 2-7（b）所示。

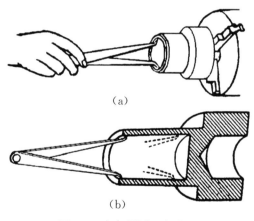

（a）

（b）

图 2-7　内卡钳测量方法

　　用已在钢直尺上或在外卡钳上取好尺寸的内卡钳去测量内径，图 2-8（a）所示，就是比较内卡钳在零件孔内的松紧程度。如内卡钳在孔内有较大的自由摆动时，就表示卡钳尺寸比孔径内小了；如内卡钳放不进，或放进孔内后紧得不能自由摆动，就表示内卡钳尺寸比孔径大了，如内卡钳放入孔内，按照上述的测量方法能有 $1\sim2$mm 的自由摆动距离，这时孔径与内卡钳尺寸正好相等。测量时不要用手抓住卡钳测量，图 2-8（b）所示，这样手感就没有了，难以比较内卡钳在零件孔内的松紧程度，并使卡钳变形而产生测量误差。

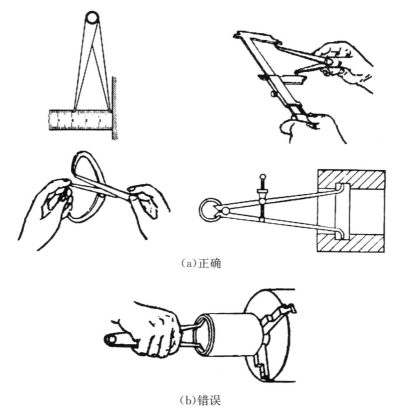

（a）正确

（b）错误

图 2-8 内卡钳取尺寸和测量方法

4. 卡钳的适用范围

卡钳是一种简单的量具，由于它具有结构简单、制造方便、价格低廉、维护和使用方便等特点，因此被广泛应用于要求不高的零件尺寸的测量和检验，尤其是对锻铸件毛坯尺寸的测量和检验，卡钳是最合适的测量工具。

卡钳虽然是简单量具，但是只要我们掌握得好，也可获得较高的测量精度。例如用外卡钳比较两根轴的直径大小时，就是轴径相差只有0.01mm，有经验的老师傅也能分辨得出。又如用内卡钳与外径百分尺联合测量内孔尺寸时，有经验的老师傅完全有把握用这种方法测量高精度的内孔。这种内径测量方法称为"内卡搭百分尺"，是利用内卡钳在外径百分尺上读取准确的尺寸，如图 2-9 所示，再去测量零件的内径；或内卡在孔内调整好与孔接触的松紧程度，再在外径百分尺上读出具体尺寸。这种测量方法，不仅在缺少精密的内径量具时是测量内径的好办法，而且对于某些不便使用精密内径量具的零件的内径测量很有效。如图 2-9 所示的零件，它的孔内有轴，使用精密的内径量具有困难，应用内卡钳搭外径百分尺测量内径方法，就能解决问题。

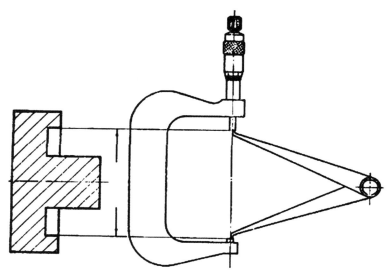

图 2-9　内卡钳搭外径百分尺测量内径

2.1.3　塞尺的使用

　　塞尺又称厚薄规或间隙片。主要用来检验机床特别紧固面和紧固面、活塞与气缸、活塞环槽和活塞环、十字头滑板和导板、进排气阀顶端和摇臂、齿轮啮合间隙等两个结合面之间的间隙大小。塞尺由许多层厚薄不一的薄钢片组成(图 2-10)，按照塞尺的组别制成一把一把的塞尺，每把塞尺中的每片塞尺片具有两个平行的测量平面，且都有厚度标记，以供组合使用。

图 2-10　塞尺

　　测量时，根据结合面间隙的大小，用一片或数片重叠在一起塞进间隙内。例如，用 0.03mm 的一片能插入间隙，而用 0.04mm 的一片不能插入间隙，这说明间隙在 0.03～0.04mm 之间，所以塞尺也是一种界限量规。塞尺的规格见表 2-1。

表 2-1　塞尺的规格

A 型	B 型	塞尺片长度(mm)	片数	塞尺的厚度及组装顺序
组别标记				
75A13	75B13	75		
100A13	100B13	100		0.02,0.02,0.03,0.03,0.04,
150A13	150B13	150	13	0.04,0.05,0.05,0.06,0.07,
200A13	200B13	200		0.08,0.09,0.10
300A13	300B13	300		

续表

A 型	B 型	塞尺片长度(mm)	片数	塞尺的厚度及组装顺序
组别标记				
75A14	75B14	75	14	1.00,0.05,0.06,0.07,0.08, 0.09,0.10,0.15,0.20,0.25, 0.30,0.40,0.50,0.75
100A14	100B14	100		
150A14	150B14	150		
200A14	200B14	200		
300A14	300B14	300		
75A17	75B17	75	17	0.50,0.02,0.03,0.04,0.05, 0.06,0.07,0.08,0.09,0.10, 0.15,0.20,0.25,0.30,0.35, 0.40,0.45
100A17	100B17	100		
150A17	150B17	150		
200A17	200B17	200		
300A17	300B17	300		

图 2-11 是主机与轴系法兰定位检测,将直尺贴附在以轴系推力轴或第一中间轴为基准的法兰外圆的素线上,用塞尺测量直尺与之连接的柴油机曲轴或减速器输出轴法兰外圆的间隙 Z_X 和 Z_S,并依次在法兰外圆的上、下、左、右四个位置上进行测量。图 2-12 是检验机床尾座紧固面的间隙(<0.04mm)。

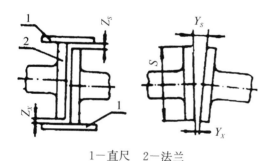

1—直尺　2—法兰

图 2-11　用直尺和塞尺测量轴的偏移

图 2-12　用塞尺检验车床尾座紧固面间隙

使用塞尺时必须注意下列几点:

(1)据结合面的间隙情况选用塞尺片数,但片数愈少愈好;

(2)量时不能用力太大,以免塞尺遭受弯曲和折断;

(3)能测量温度较高的工件。

▶ 2.2　游标读数量具

应用游标读数原理制成的量具有游标卡尺、高度游标卡尺、深度游标卡尺、游标量角尺(如万能量角尺)和齿厚游标卡尺等,用以测量零件的外径、内径、长度、宽度、厚度、高度、深度、角度以及齿轮的齿厚等,应用范围非常广泛。

2.2.1 游标卡尺的结构形式

游标卡尺是一种常用的量具,具有结构简单、使用方便、精度中等和测量的尺寸范围大等特点,可以用它来测量零件的外径、内径、长度、宽度、厚度、深度和孔距等,应用范围很广。

游标卡尺有以下三种结构形式:

(1)测量范围为0~125mm的游标卡尺,制成带有刀口形的上下量爪和带有深度尺的形式,如图 2-13 所示。

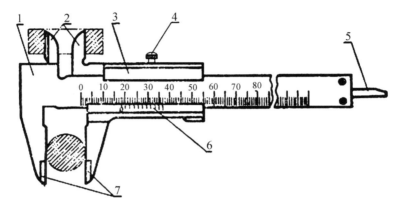

1—尺身　2—上量爪　3—尺框　4—紧固螺钉　5—深度尺　6—游标　7—下量爪

图 2-13　游标卡尺的结构形式之一

(2)测量范围为0~200mm 和0~300mm 的游标卡尺,可制成带有内外测量面的下量爪和带有刀口形的上量爪的形式,如图 2-14 所示。

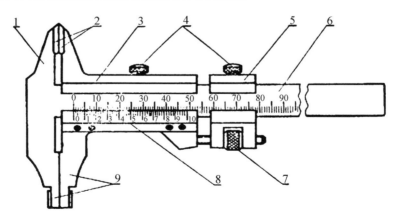

1—尺身　2—上量爪　3—尺框　4—紧固螺钉　5—微动装置　6—主尺

7—微动螺母　8—游标　9—下量爪

图 2-14　游标卡尺的结构形式之二

(3)测量范围为0~200mm 和0~300mm 的游标卡尺,也可制成只带有内外测量面的下量爪的形式,如图 2-15 所示。而测量范围大于 300mm 的游标卡尺,只制成这种仅带有下量爪的形式。

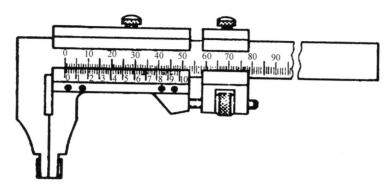

图 2-15　游标卡尺的结构形式之三

游标卡尺主要由下列几部分组成:

(1)具有固定量爪的尺身,如图 2-14 中的 1。尺身上有类似钢尺一样的主尺刻度,如图 2-14 中的 6。主尺上的刻线间距为 1mm。主尺的长度决定于游标卡尺的测量范围。

(2)具有活动量爪的尺框,如图 2-14 中的 3。尺框上有游标,如图 2-14 中的 8,游标卡尺的游标读数值可制成为 0.1mm,0.05mm 和 0.02mm 的三种。游标读数值,就是指使用这种游标卡尺测量零件尺寸时,卡尺上能够读出的最小数值。

(3)在 0～125mm 的游标卡尺上,还带有测量深度的深度尺,如图 2-13 中的 5。深度尺固定在尺框的背面,能随着尺框在尺身的导向凹槽中移动。测量深度时,应把尺身尾部的端面贴紧在零件的测量基准平面上。

(4)测量范围等于和大于 200mm 的游标卡尺,带有随尺框作微动调整的微动装置,如图 2-14 中的 5。使用时,先用固定螺钉 4 把微动装置 5 固定在尺身上,再转动微动螺母7,活动量爪就能随同尺框 3 作微量的前进或后退。微动装置的作用,是使游标卡尺在测量时用力均匀,便于调整测量压力,减少测量误差。

目前,我国生产的游标卡尺的测量范围及其游标读数值见表 2-2。

表 2-2　游标卡尺的测量范围和游标卡尺读数值　　　　　　　　　　单位:mm

测量范围	游标读数值	测量范围	游标读数值
0～25	0.02 0.05 0.10	300～800	0.05 0.10
0～200	0.02 0.05 0.10	400～1000	0.05 0.10

续表

测量范围	游标读数值	测量范围	游标读数值
0～300	0.02 0.05 0.10	600～1500	0.05 0.10
0～500	0.05 0.10	800～2000	0.10

2.2.2 游标卡尺的读数原理和读数方法

游标卡尺的读数机构由主尺和游标(图 2-14 中的 6 和 8)两部分组成。当活动量爪与固定量爪贴合时,游标上的"0"刻线(简称游标零线)对准主尺上的"0"刻线,此时量爪间的距离为"0",如图 2-14 所示。当尺框向右移动到某一位置时,固定量爪与活动量爪之间的距离就是零件的测量尺寸,如图 2-13 所示。此时,零件尺寸的整数部分可在游标零线左边的主尺刻线上读出来,而比 1mm 小的小数部分,可借助游标读数机构来读出,现把三种游标卡尺的读数原理和读数方法介绍如下。

1. 游标读数值为 0.1mm 的游标卡尺

如图 2-16(a)所示,主尺刻线间距(每格)为 1mm,当游标零线与主尺零线对准(两爪合并)时,游标上的第 10 刻线正好指向等于主尺上的 9mm,而游标上的其他刻线都不会与主尺上任何一条刻线对准,则

游标每格间距＝9mm÷10＝0.9mm,

主尺每格间距与游标每格间距相差＝1mm－0.9mm＝0.1mm,

0.1mm 即为此游标卡尺上游标所读出的最小数值,再也不能读出比 0.1mm 小的数值。

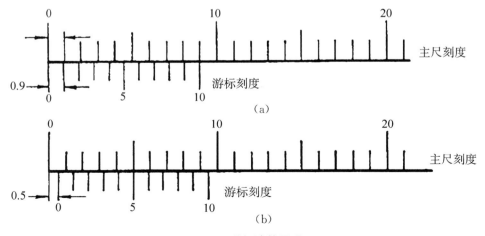

图 2-16 游标读数原理

当游标向右移动 0.1mm 时,则游标零线后的第 1 根刻线与主尺刻线对准。当游标向右移动 0.2mm 时,则游标零线后的第 2 根刻线与主尺刻线对准,依次类推。若游标向右移动 0.5mm,如图 2-16(b)所示,则游标上的第 5 根刻线与主尺刻线对准。由此可知,游标向右移动不足 1mm 的距离,虽不能直接从主尺读出,但可以由游标的某一根刻线与主尺刻线对准时,该游标刻线的次序数乘其读数值而读出其小数值。例如,图 2-16(b)的尺寸即为 $5 \times 0.1 = 0.5$(mm)。

另有一种读数值为 0.1mm 的游标卡尺,如图 2-17(a)所示,是将游标上的 10 格对准主尺的 19mm,则游标每格 $= 19$mm$\div 10 = 1.9$mm,使主尺 2 格与游标 1 格相差 $= 2 - 1.9 = 0.1$(mm)。这种增大游标间距的方法,其读数原理并未改变,但使游标线条清晰,更容易看准读数。

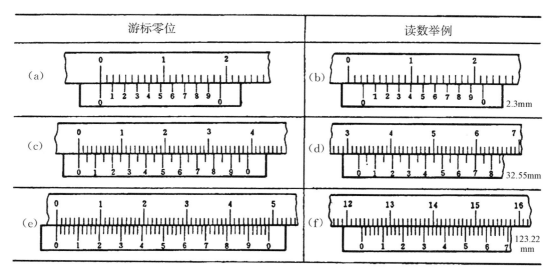

图 2-17　游标零位和读数举例

在游标卡尺上读数时,首先要看游标零线的左边,读出主尺上尺寸的整数是多少毫米,其次是找出游标上第几根刻线与主尺刻线对准,该游标刻线的次序数乘其游标读数值,读出尺寸的小数,整数和小数相加的总值,就是被测零件尺寸的数值。

在图 2-17(b)中,游标零线在 2mm 与 3mm 之间,其左边的主尺刻线是 2mm,所以被测尺寸的整数部分是 2mm,再观察游标刻线,这时游标上的第 3 根刻线与主尺刻线对准。所以,被测尺寸的小数部分为 $3 \times 0.1 = 0.3$(mm),被测尺寸即为 $2 + 0.3 = 2.3$(mm)。

2. 游标读数值为 0.05mm 的游标卡尺

如图 2-17(c)所示,主尺每小格 1mm,当两爪合并时,游标上的 20 格刚好等于主尺的 39mm,则

游标每格间距 $= 39$mm$\div 20 = 1.95$mm。

主尺 2 格间距与游标 1 格间距相差＝2－1.95＝0.05(mm)，

0.05mm 即为此种游标卡尺的最小读数值。同理，也有用游标上的 20 格刚好等于主尺上的 19mm，其读数原理不变。

在图 2-17(d)中，游标零线在 32mm 与 33mm 之间，游标上的第 11 格刻线与主尺刻线对准。所以，被测尺寸的整数部分为 32mm，小数部分为 $11 \times 0.05 = 0.55$(mm)，被测尺寸即为 $32 + 0.55 = 32.55$(mm)。

3. 游标读数值为 0.02mm 的游标卡尺

如图 2-17(e)所示，主尺每小格 1mm，当两爪合并时，游标上的 50 格刚好等于主尺上的 49mm，则

$$游标每格间距＝49mm \div 50 = 0.98mm，$$

$$主尺每格间距与游标每格间距相差＝1－0.98＝0.02(mm)，$$

0.02mm 即为此种游标卡尺的最小读数值。

在图 2-17(f)中，游标零线在 123mm 与 124mm 之间，游标上的 11 格刻线与主尺刻线对准。所以，被测尺寸的整数部分为 123mm，小数部分为 $11 \times 0.02 = 0.22$(mm)，被测尺寸即为 $123 + 0.22 = 123.22$(mm)。

我们希望直接从游标尺上读出尺寸的小数部分，而不要通过上述的换算，为此，把游标的刻线次序数乘其读数值所得的数值，标记在游标上，如图 2-17 所示，这样使读数就方便了。

2.2.3 游标卡尺的测量精度

测量或检验零件尺寸时，要按照零件尺寸的精度要求，选用相适应的量具。游标卡尺是一种中等精度的量具，它只适用于中等精度尺寸的测量和检验。用游标卡尺去测量锻铸件毛坯或精度要求很高的尺寸，都是不合理的。前者容易损坏量具，后者测量精度达不到要求，因为量具都有一定的示值误差，游标卡尺的示值误差见表 2-3。

表 2-3　游标卡尺的示值误差　　　　　　　　　　　　　　单位：mm

游标读数值	示值总误差
0.02	±0.02
0.05	±0.05
0.10	±0.10

游标卡尺的示值误差，就是游标卡尺本身的制造精度，不论你使用得怎样正确，卡尺本身就可能产生这些误差。例如，用游标读数值为 0.02mm 的 0～125mm 的游标卡尺（示值误差为 ±0.02mm），测量 ϕ50mm 的轴时，若游标卡尺上的读数为 ϕ50.00mm，实际直径可能是 ϕ50.02mm，也可能是 ϕ49.98mm。这不是游标尺的使用方法上有什么问题，而是它本身制造精度所允许产生的误差。因此，若该轴的直径尺寸是 IT7 级精度的

基准轴（$\phi 50^{0}_{-0.025}$），则轴的制造公差为 0.025mm，而游标卡尺本身就有着 ± 0.02mm 的示值误差，选用这样的量具去测量，显然是无法保证轴径的精度要求的。

　　如果受条件限制（如受测量位置限制），其他精密量具用不上，必须用游标卡尺测量较精密的零件尺寸时，又该怎么办呢？此时，可以用游标卡尺先测量与被测尺寸相当的块规，消除游标卡尺的示值误差（称为用块规校对游标卡尺）。例如，要测量上述 $\phi 50$mm 的轴时，先测量 50mm 的块规，看游标卡尺上的读数是不是正好 50mm。如果不是正好 50mm，则比 50mm 大的或小的数值，就是游标卡尺的实际示值误差，测量零件时，应把此误差作为修正值考虑进去。例如，测量 50mm 块规时，游标卡尺上的读数为 49.98mm，即游标卡尺的读数比实际尺寸小 0.02mm，则测量轴时，应在游标卡尺的读数上加上 0.02mm，才是轴的实际直径尺寸；若测量 50mm 块规时的读数是 50.01mm，则在测量轴时，应在读数上减去 0.01mm，才是轴的实际直径尺寸。另外，游标卡尺测量时的松紧程度（测量压力的大小）和读数误差（看准是哪一根刻线对准），对测量精度影响亦很大。所以，当必须用游标卡尺测量精度要求较高的尺寸时，最好采用和测量相等尺寸的块规相比较的办法。

2.2.4　游标卡尺的使用方法

　　量具使用得是否合理，不但影响量具本身的精度，且直接影响零件尺寸的测量精度，甚至发生质量事故，对国家造成不必要的损失。所以，我们必须重视量具的正确使用，对测量技术精益求精，务使获得正确的测量结果，确保产品质量。

　　使用游标卡尺测量零件尺寸时，必须注意下列几点：

　　（1）测量前应把卡尺揩干净，检查卡尺的两个测量面和测量刃口是否平直无损，把两个量爪紧密贴合时，应无明显的间隙，同时游标和主尺的零位刻线要相互对准。这个过程称为校对游标卡尺的零位。

　　（2）移动尺框时，活动要自如，不应有过松或过紧，更不能有晃动现象。用固定螺钉固定尺框时，卡尺的读数不应有所改变。在移动尺框时，不要忘记松开固定螺钉，亦不宜过松以免掉了。

　　（3）当测量零件的外尺寸时，卡尺两测量面的连线应垂直于被测量表面，不能歪斜。测量时，可以轻轻摇动卡尺，放正垂直位置，如图 2-18（a）所示。否则，量爪若在如图 2-18（b）所示的错误位置上，将使测量结果 a 比实际尺寸 b 要大。测量时，先把卡尺的活动量爪张开，使量爪能自由地卡进工件，把零件贴靠在固定量爪上，然后移动尺框，用轻微的压力使活动量爪接触零件。如卡尺带有微动装置，此时可拧紧微动装置上的固定螺钉，再转动调节螺母，使量爪接触零件并读取尺寸。决不可把卡尺的两个量爪调节到接近甚至小于所测尺寸，把卡尺强制地卡到零件上去。这样做会使量爪变形，或使测量面过早磨损，使卡尺失去应有的精度。

　　测量沟槽时，应当用量爪的平面测量刃进行测量，尽量避免用端部测量刃和刀口形

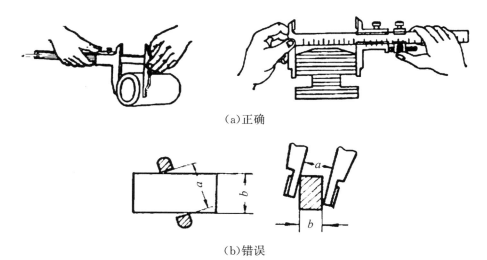

（a）正确

（b）错误

图 2-18　测量外尺寸时正确与错误的位置

量爪去测量外尺寸。而对于圆弧形沟槽尺寸,则应当用刀口形量爪进行测量,不应当用平面形测量刃进行测量,如图 2-19 所示。

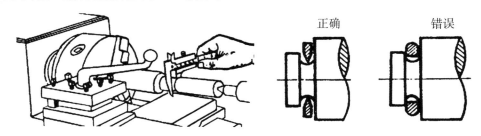

图 2-19　测量沟槽时正确与错误的位置

测量沟槽宽度时,也要放正游标卡尺的位置,应使卡尺两测量刃的连线垂直于沟槽,不能歪斜。否则,量爪若在如图 2-20 所示的错误的位置上,也将使测量结果不准确(可能大,也可能小)。

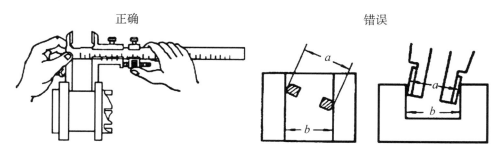

图 2-20　测量沟槽宽度时正确与错误的位置

（4）当测量零件的内尺寸时,如图 2-21 所示,要使量爪分开的距离小于所测内尺寸,进入零件内孔后,再慢慢张开并轻轻接触零件内表面,用固定螺钉固定尺框后,轻轻取出卡尺来读数。取出量爪时,用力要均匀,并使卡尺沿着孔的中心线方向滑出,不可歪斜。否则,会使量爪扭伤、变形和受到不必要的磨损,同时会使尺框走动,影响测量精度。

图 2-21　内孔的测量方法

卡尺两测量刃应在孔的直径上,不能偏歪。图 2-22 为带有刀口形量爪和带有圆柱面形量爪的游标卡尺,在测量内孔时正确的和错误的位置。当量爪在错误位置时,其测量结果将比实际孔径 D 要小。

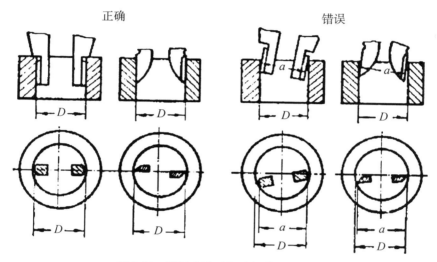

图 2-22　测量内孔时正确与错误的位置

(5)用下量爪的外测量面测量内尺寸时,如用图 2-14 和图 2-15 所示的两种游标卡尺测量内尺寸,在读取测量结果时,一定要把量爪的厚度加上去。即游标卡尺上的读数,加上量爪的厚度,才是被测零件的内尺寸。测量范围在 500mm 以下的游标卡尺,量爪厚度一般为 10mm。但当量爪磨损和修理后,量爪厚度就要小于 10mm,读数时这个修正值也要考虑进去。

(6)用游标卡尺测量零件时,不允许过分地施加压力,所用压力应使两个量爪刚好接触零件表面。如果测量压力过大,不但会使量爪弯曲或磨损,且量爪在压力作用下产生弹性变形,使测得的尺寸不准确(外尺寸小于实际尺寸,内尺寸大于实际尺寸)。

在游标卡尺上读数时,应把卡尺水平地拿着,朝着亮光的方向,使人的视线尽可能和卡尺的刻线表面垂直,以免由于视线的歪斜造成读数误差。

(7)为了获得正确的测量结果,可以多测量几次。即在零件的同一截面上的不同方向进行测量。对于较长零件,则应当在全长的各个部位进行测量,确保获得一个比较正确的测量结果。

2.2.5 游标卡尺应用举例

1. 用游标卡尺测量 T 形槽的宽度

用游标卡尺测量 T 形槽的宽度,如图 2-23 所示。测量时将量爪外缘端面的小平面,贴在零件凹槽的平面上,用固定螺钉把微动装置固定,转动调节螺母,使量爪的外测量面轻轻地与 T 形槽表面接触,并放正两量爪的位置(可以轻轻地摆动一个量爪,找到槽宽的垂直位置),读出游标卡尺的读数,在图 2-23 中用 A 表示。但由于它是用量爪的外测量面测量内尺寸的,卡尺上所读出的读数 A 是量爪内测量面之间的距离,因此必须加上两个量爪的厚度 b,才是 T 形槽的宽度。所以,T 形槽的宽度为 $L=A+b$。

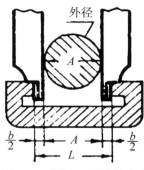

图 2-23 测量 T 形槽的宽度

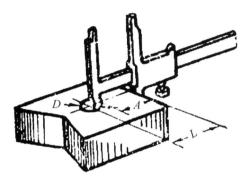

图 2-24 测量孔中心线与侧平面间距离

2. 用游标卡尺测量孔中心线与侧平面之间的距离

用游标卡尺测量孔中心线与侧平面之间的距离 L 时,先要用游标卡尺测量出孔的直径 D,再用刀口形量爪测量孔的壁面与零件侧面之间的最短距离,如图 2-24 所示。

此时,卡尺应垂直于侧平面,且要找到它的最小尺寸,读出卡尺的读数 A,则孔中心线与侧平面之间的距离为 $L=A+\dfrac{D}{2}$。

3. 用游标卡尺测量两孔的中心距

用游标卡尺测量两孔的中心距有两种方法:一种是先用游标卡尺分别量出两孔的内径 D_1 和 D_2,再量出两孔内表面之间的最大距离 A,如图 2-25 所示,则两孔的中心距为 $L=A-\dfrac{1}{2}(D_1+D_2)$。

另一种测量方法,也是先分别量出两孔的内径 D_1 和 D_2,然后用刀口形量爪量出两

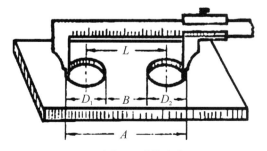

图 2-25 测量两孔的中心距

孔内表面之间的最小距离 B,则两孔的中心距为 $L=B+\dfrac{1}{2}(D_1+D_2)$。

2.2.6　高度游标卡尺

　　高度游标卡尺如图 2-26 所示,用于测量零件的高度和精密划线。它的结构特点是用质量较大的基座 4 代替固定量爪 5,而动的尺框 3 则通过横臂装有测量高度和划线用的量爪,量爪的测量面上镶有硬质合金,提高了量爪的使用寿命。高度游标卡尺的测量工作,应在平台上进行。当量爪的测量面与基座的底平面位于同一平面时,如在同一平台平面上,主尺 1 与游标 6 的零线相互对准。所以在测量高度时,量爪测量面的高度,就是被测量零件的高度尺寸,它的具体数值与游标卡尺一样,可在主尺(整数部分)和游标(小数部分)上读出。应用高度游标卡尺划线时,调好划线高度,用紧固螺钉 2 把尺框锁紧后,也应在平台上先进行调整再进行划线。图 2-27 为高度游标卡尺的应用。

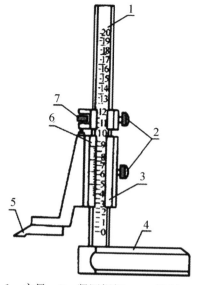

1—主尺　2—紧固螺钉　3—尺框
4—基座　5—量爪　6—游标
7—微动装置

图 2-26　高度游标卡尺

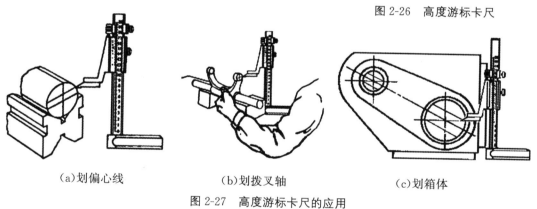

　　(a)划偏心线　　　　　　(b)划拨叉轴　　　　　　(c)划箱体

图 2-27　高度游标卡尺的应用

2.2.7　深度游标卡尺

　　深度游标卡尺(图 2-28),用于测量零件的深度尺寸或台阶高低和槽的深度。它的结构特点是尺框 3 的两个量爪连成一起成为一个带游标测量基座 1,基座的端面和尺身 4 的端面就是它的两个测量面。如测量内孔深度时应把基座的端面紧靠在被测孔的端面上,使尺身与被测孔的中心线平行,伸入尺身,则尺身端面至基座端面之间的距离,就是被测零件的深度尺寸。它的读数方法和游标卡尺完全一样。

　　测量时,先把测量基座轻轻压在工件的基准面上,两个端面必须接触工件的基准面,图 2-29(a)所示。测量轴类等台阶时,测量基座的端面一定要压紧基准面,如图 2-29(b)(c)所示,再移动尺身,直到尺身的端面接触到工件的量面(台阶面)上,然后用紧固螺钉

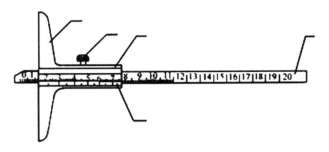

1—测量基座 2—紧固螺钉 3—尺框 4—尺身 5—游标

图 2-28 深度游标卡尺

固定尺框,提起卡尺,读出深度尺寸。多台阶小直径的内孔深度测量,要注意尺身的端面是否在要测量的台阶上,如图 2-29(d)所示。当基准面是曲线时,如图 2-29(e)所示,测量基座的端面必须放在曲线的最高点上,这样测量出的深度尺寸才是工件的实际尺寸,否则会出现测量误差。

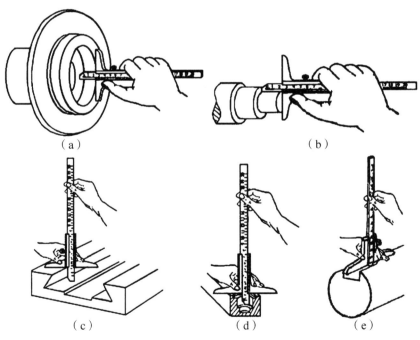

（a）　　　　　　　　　　　（b）

（c）　　　　　（d）　　　　　（e）

图 2-29 深度游标卡尺的使用方法

2.2.8 齿厚游标卡尺

齿厚游标卡尺(图 2-30)是用来测量齿轮(或蜗杆)的弦齿厚和弦齿顶。这种游标卡尺由两互相垂直的主尺组成,因此它就有两个游标。A 的尺寸由垂直主尺上的游标调整;B 的尺寸由水平主尺上的游标调整。刻线原理和读法与一般游标卡尺相同。

测量蜗杆时,把齿厚游标卡尺读数调整到等于齿顶高(蜗杆齿顶高等于模数 m_s),法

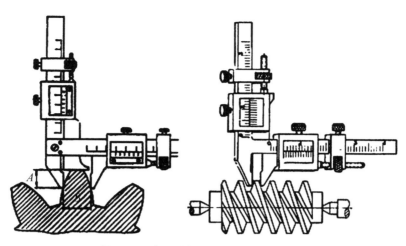

图 2-30 齿厚游标卡尺测量齿轮与蜗杆

向卡入齿廓,测得的读数是蜗杆中径(d_2)的法向齿厚。但图纸上一般注明的是轴向齿厚,必须进行换算。法向齿厚 S_n 的换算公式为 $S_n = \dfrac{\pi m_s}{2} \cos\tau$。

以上所介绍的各种游标卡尺都存在一个共同的问题,就是读数不很清晰,容易读错,有时不得不借放大镜将读数部分放大。现有游标卡尺采用无视差结构,使游标刻线与主尺刻线处在同一平面上,消除了在读数时因视线倾斜而产生的视差;有的卡尺装有测微表成为带表卡尺(图 2-31),便于读数准确,提高了测量精度;更有一种带有数字显示装置的游标卡尺(图 2-32),这种游标卡尺在零件表面上量得尺寸时,就直接用数字显示出来,使用极为方便。

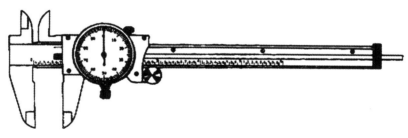

图 2-31 带表卡尺

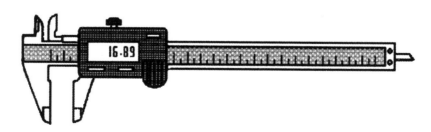

图 2-32 数字显示游标卡尺

带表卡尺的规格见表 2-4。数字显示游标卡尺的规格见表 2-5。

表 2-4 带表卡尺的规格 单位:mm

测量范围	指示表读数值
0~150	0.01
0~200	0.02
0~300	0.05

表 2-5 数字显示游标卡尺的规格

名称	数显游标卡尺	数显高度尺	数显深度尺
测量范围(mm)	0~150 0~200 0~300 0~500	0~300 0~500	0~200
分辨率(mm)	0.01		
测量精度(mm)	(0~200)0.03 (200~300)0.04 (300~500)0.05		
测量移动速度(m/s)	1.5		
使用温度(℃)	0~+40		

▷ 2.3 螺旋测微量具

应用螺旋测微原理制成的量具,称为螺旋测微量具。它们的测量精度比游标卡尺高,并且测量比较灵活,因此,当加工精度要求较高时多被应用。常用的螺旋读数量具有百分尺和千分尺。百分尺的读数值为 0.01mm,千分尺的读数值为 0.001mm。工厂习惯上把百分尺和千分尺统称为百分尺或分厘卡。目前,车间里大量用的是读数值为 0.01mm 的百分尺,现以介绍这种百分尺为主,并适当介绍千分尺的使用知识。

百分尺的种类很多,机械加工车间常用的有外径百分尺、内径百分尺、深度百分尺以及螺纹百分尺和公法线百分尺等,分别用于测量或检验零件的外径、内径、深度、厚度以及螺纹的中径和齿轮的公法线长度等。

2.3.1 外径百分尺的结构

各种百分尺的结构大同小异,常用外径百分尺是用以测量或检验零件的外径、凸肩厚度以及板厚或壁厚等(测量孔壁厚度的百分尺,其量面呈球弧形)。百分尺由尺架、测微头、测力装置和制动器等组成。图 2-33 是测量范围为 0~25mm 的外径百分尺。尺架 1 的一端装着固定测砧 2,另一端装着测微头。固定测砧和测微螺杆的测量面上都镶有硬质合金,以提高测量面的使用寿命。尺架的两侧面覆盖着绝热板 12,使用百分尺时,手拿在绝热板上,防止人体的热量影响百分尺的测量精度。

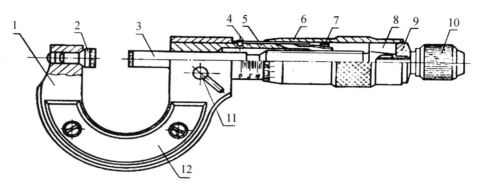

1—尺架　2—固定测砧　3—测微螺杆　4—螺纹轴套　5—固定刻度套筒　6—微分筒
7—调节螺母　8—接头　9—垫片　10—测力装置　11—锁紧螺钉　12—绝热板

图 2-33　外径百分尺(0~25mm)

1. 百分尺的测微头

图 2-33 中的 3~9 是百分尺的测微头部分。带有刻度的固定刻度套筒 5 用螺钉固定在螺纹轴套 4 上,而螺纹轴套又与尺架紧配结合成一体。在固定刻度套筒 5 的外面有一带刻度的活动微分筒 6,它用锥孔通过接头 8 的外圆锥面再与测微螺杆 3 相连。测微螺杆 3 的一端是测量杆,并与螺纹轴套上的内孔定心间隙配合;中间是精度很高的外螺纹,与螺纹轴套 4 上的内螺纹精密配合,可使测微螺杆自如旋转而其间隙极小;测微螺杆另一端的外圆锥与内圆锥接头 8 的内圆锥相配,并通过顶端的内螺纹与测力装置 10 连接。当测力装置的外螺纹旋紧在测微螺杆的内螺纹上时,测力装置就通过垫片 9 紧压接头 8,而接头 8 上开有轴向槽,有一定的胀缩弹性,能沿着测微螺杆 3 上的外圆锥胀大,从而使微分筒 6 与测微螺杆和测力装置结合成一体。当我们用手旋转测力装置 10 时,就带动测微螺杆 3 和微分筒 6 一起旋转,并沿着精密螺纹的螺旋线方向运动,使百分尺两个测量面之间的距离发生变化。

2. 百分尺的测力装置

百分尺测力装置的结构如图 2-34 所示,主要依靠一对棘轮 3 和 4 的作用。棘轮 4 与转帽 5 连接成一体,而棘轮 3 可压缩弹簧 2 在轮轴 1 的轴线方向移动,但不能转动。弹簧 2 的弹力是控制测量压力的,螺钉 6 使弹簧压缩到百分尺所规定的测量压力。当我们手握转帽 5 顺时针旋转测力装置时,若测量压力小于弹簧 2 的弹力,转帽的运动就通过棘轮传给轮轴 1(带动测微螺杆旋转),使百分尺两测量面之间的距离继续缩短,即继续卡紧零件;当测量压力达到或略微超过弹簧的弹力时,棘轮 3 与 4 在其啮合斜面的作用下,压缩弹簧 2,使棘轮 4 沿着棘轮 3 的啮合斜面滑动,转帽的转动就不能带动测微螺杆旋转,同时发出嘎嘎的棘轮跳动声,表示已达到了额定测量压力,从而达到控制测量压力的目的。

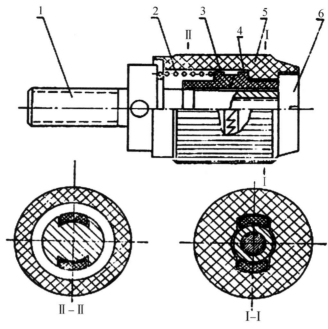

1—轮轴　2—弹簧　3,4—棘轮　5—转帽　6—螺钉

图 2-34　百分尺的测力装置

当转帽逆时针旋转时,棘轮 4 是用垂直面带动棘轮 3,不会产生压缩弹簧的压力,始终能带动测微螺杆退出被测零件。

3. 百分尺的制动器

百分尺的制动器,就是测微螺杆的锁紧装置,其结构如图 2-35 所示。制动轴 4 的圆周上,有一个深浅不均的偏心缺口,对着测微螺杆 2。当制动轴以缺口的较深部分对着测量杆时,测微螺杆 2 就能在轴套 3 内自由活动;当制动轴转过一个角度,以缺口的较浅部分对着测量杆时,测量杆就被制动轴压紧在轴套内不能运动,达到制动的目的。

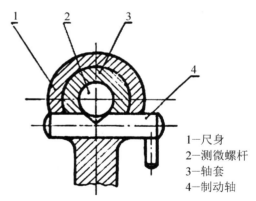

1—尺身
2—测微螺杆
3—轴套
4—制动轴

图 2-35　百分尺的制动器

4. 百分尺的测量范围

百分尺测微螺杆的移动量为 25mm,所以百分尺的测量范围一般为 25mm。为了使百分尺能测量更大范围的长度尺寸,以满足工业生产的需要,百分尺的尺架做成各种尺寸,形成不同测量范围的百分尺。目前,国产百分尺测量范围的尺寸分段(mm)为 $0\sim25$,$25\sim50,50\sim75,75\sim100,100\sim125,125\sim150,150\sim175,175\sim200,200\sim225,225\sim250,250\sim275,275\sim300,300\sim325,325\sim350,350\sim375,375\sim400,400\sim425,425\sim450,450\sim475,475\sim500,500\sim600,600\sim700,700\sim800,800\sim900,900\sim1000$。

测量上限大于 300mm 的百分尺,也可把固定测砧做成可调式的或可换的,从而使百分尺的测量范围制成为 100mm。

测量上限大于 1000mm 的百分尺,也可将测量范围制成为 500mm,目前国产最大的百分尺为 2500～3000mm 的百分尺。

2.3.2 百分尺的工作原理和读数方法

1. 百分尺的工作原理

外径百分尺的工作原理就是应用螺旋读数机构读数,它包括一对精密的螺纹——测微螺杆与螺纹轴套(如图 2-33 中的 3 和 4)和一对读数套筒——固定刻度套筒与微分筒(如图 2-33 中的 5 和 6)。

用百分尺测量零件的尺寸,就是把被测零件置于百分尺的两个测量面之间。所以两测砧面之间的距离,就是零件的测量尺寸。当测微螺杆在螺纹轴套中旋转时,由于螺旋线的作用,测量螺杆就有轴向移动,使两测砧面之间的距离发生变化。如测微螺杆按顺时针的方向旋转一周,两个测砧面之间的距离就缩小一个螺距。同理,若按逆时针方向旋转一周,则两个测砧面的距离就增大一个螺距。常用百分尺测微螺杆的螺距为 0.5mm。因此,当测微螺杆顺时针旋转一周时,两个测砧面之间的距离就缩小 0.5mm。当测微螺杆顺时针旋转不到一周时,缩小的距离就小于一个螺距,它的具体数值可从与测微螺杆结成一体的微分筒的圆周刻度上读出。微分筒的圆周上刻有 50 个等分线,当微分筒转一周时,测微螺杆就推进或后退 0.5mm,微分筒转过它本身圆周刻度的一小格时,两个测砧面之间转动的距离为 $0.5 \div 50 = 0.01$(mm)。

由此可知:百分尺上的螺旋读数机构,可以正确地读出 0.01mm,也就是百分尺的读数值为 0.01mm。

2. 百分尺的读数方法

在百分尺的固定刻度套筒上刻有轴向中线,作为微分筒读数的基准线。另外,为了计算测微螺杆旋转的整数转,在固定刻度套筒中线的两侧刻有两排刻线,刻线间距均为 1mm,上下两排刻线相互错开 0.5mm。

百分尺的具体读数方法可分为三步:

(1)读出固定刻度套筒上露出的刻线尺寸,一定要注意不能遗漏应读出的 0.5mm 的刻线值。

(2)读出微分筒上的尺寸,要看清微分筒圆周上哪一格与固定刻度套筒的中线基准对齐,将格数乘以 0.01mm,即得微分筒上的尺寸。

(3)将上面两个数相加,即为百分尺上测得的尺寸。

如图 2-36(a)所示,在固定套筒上读出的尺寸为 8mm,微分筒上读出的尺寸为 27(格)×0.01mm = 0.27mm,两数相加即得被测零件的尺寸为 8.27mm。如图 2-36(b)所示,在固定刻度套筒上读出的尺寸为 8.5mm,在微分筒上读出的尺寸为 27(格)×

0.01mm＝0.27mm,两数相加即得被测零件的尺寸为8.77mm。

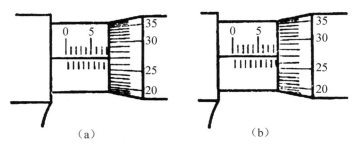

（a）　　　　　　　　　　　　（b）

图 2-36　百分尺的读数

2.3.3　百分尺的精度及其调整

百分尺是一种应用很广的精密量具,按它的制造精度,可分0级和1级两种,0级的精度较高,1级次之。百分尺的制造精度主要由它的示值误差和测砧面的平面平行度公差的大小来决定,小尺寸百分尺的精度要求见表2-6。从百分尺的精度要求可知,用百分尺测量IT6～IT10级精度的零件尺寸较为合适。

表 2-6　百分尺的精度要求　　　　　　　　　单位:mm

测量上限	示值误差		两测量面平行度	
	0 级	1 级	0 级	1 级
15,25	±0.002	±0.004	0.001	0.002
50	±0.002	±0.004	0.0012	0.0025
75,100	±0.002	±0.004	0.0015	0.003

在使用过程中,由于百分尺磨损,特别是使用不妥当时,会使百分尺的示值误差超差,所以应定期进行检查,进行必要的拆洗或调整,以便保持百分尺的测量精度。

1. 校正百分尺的零位

如果百分尺使用不妥,零位就会移动,使测量结果不准确,造成产品质量事故。所以,在使用百分尺前,应当校对百分尺的零位。所谓校对百分尺的零位,就是把百分尺的两个测砧面揩干净,转动测微螺杆使它们贴合在一起(这是指0～25mm的百分尺,若测量范围大于0～25mm时,应该在两个测砧面间放上校对样棒),检查微分筒圆周上的"0"刻线是否对准固定刻度套筒的中线,微分筒的端面是否正好使固定刻度套筒上的"0"刻线露出来。如果两者位置都是正确的,就认为百分尺的零位是对的,否则就要进行校正,使之对准零位。

如果零位偏移是由于微分筒的轴向位置不对,如微分筒的端部盖住固定刻度套筒上的"0"刻线,或"0"刻线露出太多,把0.5的刻线搞错,必须进行校正。此时,可用制动器把测微螺杆锁住,再用百分尺的专用扳手,插入测力装置轮轴的小孔内,把测力装置松开(逆时针旋转),微分筒就能进行调整,即轴向移动一点。使固定刻度套筒上的"0"刻线正好露出来,同时使微分筒的零线对准固定刻度套筒的中线,然后把测力装置旋紧。

如果零位偏移是由于微分筒的零线没有对准固定套筒的中线,也必须进行校正。此时,可用百分尺的专用扳手插入固定刻度套筒的小孔内,把固定刻度套筒转过一点,使之对准微分筒零线。

但当微分筒的零线偏移较大时,不应当采用此法调整,而应该采用松开测力装置转动微分筒的方法来校正。

2. 调整百分尺的间隙

百分尺在使用过程中,磨损等原因,会使精密螺纹的配合间隙增大,从而使示值误差超差,因此必须及时进行调整,以便保持百分尺的精度。

要调整精密螺纹的配合间隙,应先用制动器把测微螺杆锁住,再用专用扳手把测力装置松开,拉出微分筒后再进行调整。由图 2-33 可以看出,在螺纹轴套上,接近精密螺纹一段的壁厚比较薄,且连同螺纹部分一起开有轴向直槽,使螺纹部分具有一定的胀缩弹性。同时,螺纹轴套的圆锥外螺纹上,旋着调节螺母 7。当调节螺母往里旋入时,因螺母直径保持不变,就迫使外圆锥螺纹的直径缩小,于是精密螺纹的配合间隙就减小了。然后,松开制动器进行试转,看螺纹间隙是否合适。间隙过小会使测微螺杆活动不灵活,可把调节螺母松出一点;间隙过大则使测微螺杆有松动,可把调节螺母再旋进一点。直至间隙调整好后再把微分筒装上,对准零位后把测力装置旋紧。

经过上述调整的百分尺,除必须校对零位外,还应当用表 1-4 所列的第 1 套检定量块检验其五个尺寸的测量精度,确定其精度等级后才能移交使用。例如,用 5.12,10.24,15.36,21.5,25 五个块规尺寸检定 0~25mm 的百分尺,它的示值误差应符合表 2-6 的要求,否则应继续调整。

2.3.4　百分尺的使用方法

百分尺使用得是否正确,对保持精密量具的精度和保证产品质量的影响很大。指导人员和实习的学生必须重视量具的正确使用,使测量技术精益求精,以获得准确的测量结果,确保产品质量。

使用百分尺测量零件尺寸时,必须注意下列几点:

(1)使用前,应把百分尺的两个测砧面揩干净,转动测力装置,使两测砧面接触(若测量上限大于 25mm 时,在两测砧面之间放入校对量杆或相应尺寸的量块),接触面上应没有间隙和漏光现象,同时微分筒和固定套筒要对准零位。

(2)转动测力装置时,微分筒应能自由灵活地沿着固定套筒活动,没有任何轧卡和不灵活的现象。如有活动不灵活的现象,应送计量站及时检修。

(3)测量前,应把零件的被测量表面揩干净,以免有脏物存在影响测量精度。绝对不允许用百分尺测量带有研磨剂的表面,以免损伤测量面的精度。用百分尺测量表面粗糙的零件亦是错误的,这样易使测砧面过早磨损。

（4）用百分尺测量零件时，应当手握测力装置的转帽来转动测微螺杆，使测砧表面保持标准的测量压力，即听到嘎嘎的声音，表示压力合适，可开始读数。要避免因测量压力不等而产生测量误差。

绝对不允许用力旋转微分筒来增加测量压力，使测微螺杆过分压紧零件表面，致使精密螺纹因受力过大而发生变形，损坏百分尺的精度。有时用力旋转微分筒后，虽因微分筒与测微螺杆间的连接不牢固，对精密螺纹的损坏不严重，但是微分筒打滑后，百分尺的零位走动了，就会造成质量事故。

（5）使用百分尺测量零件时（图2-37），要使测微螺杆与零件被测量的尺寸方向一致。如测量外径时，测微螺杆要与零件的轴线垂直，不要歪斜。测量时，可在旋转测力装置的同时，轻轻地晃动尺架，使测砧面与零件表面接触良好。

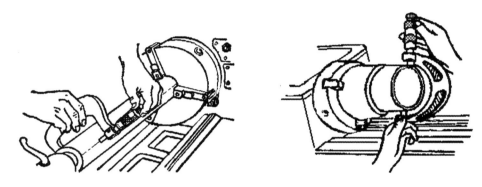

图 2-37　在车床上使用外径百分尺的方法

（6）用百分尺测量零件时，最好在零件上进行读数，放松后取出百分尺，这样可减少测砧面的磨损。如果必须取下读数时，应用制动器锁紧测微螺杆后，再轻轻滑出零件，把百分尺当卡规使用是错误的，因这样做不但易使测量面过早磨损，甚至会使测微螺杆或尺架发生变形而失去精度。

（7）在读取百分尺上的测量数值时，要特别留心不要读错0.5mm。

（8）为了获得正确的测量结果，可在同一位置上再测量一次。尤其是测量圆柱形零件时，应在同一圆周的不同方向测量几次，检查零件外圆有没有圆度误差，再在全长的各个部位测量几次，检查零件外圆有没有圆柱度误差等。

（9）对于超常温的工件，不要进行测量，以免产生读数误差。

（10）单手使用外径百分尺时，如图2-38（a）所示，可用大拇指和食指或中指捏住活动套筒，小指勾住尺架并压向手掌上，大拇指和食指转动测力装置就可测量。用双手测量时，可按图2-38（b）所示的方法进行。

值得提出的是几种使用外径百分尺的错误方法，比如用百分尺测量旋转运动中的工件，很容易使百分尺磨损，而且测量也不准确；又如贪图快一点得出读数，握着微分筒来挥转（图2-39）等，这同碰撞一样，也会破坏百分尺的内部结构。

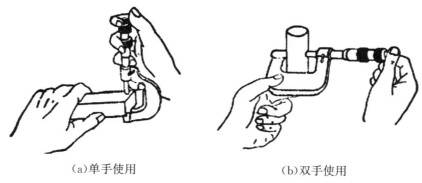

（a）单手使用　　　　　　　　　　　（b）双手使用

图 2-38　正确使用

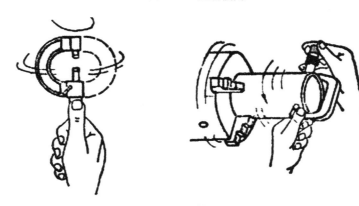

图 2-39　错误使用

2.3.5　百分尺的应用举例

如要检验图 2-40 所示夹具的三个孔（$\phi14$，$\phi15$，$\phi16$）在 $\phi150$ 圆周上的等分精度。检

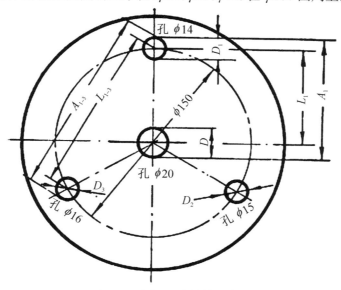

图 2-40　测量三孔的等分精度

验前，先在孔 $\phi14,\phi15,\phi16$ 和 $\phi20$ 内配入圆柱销（圆柱销应与孔定心间隙配合）。

等分精度的测量，可分三步做：

（1）用 $0\sim25$mm 的外径百分尺，分别量出四个圆柱销的外径 D,D_1,D_2 和 D_3。

（2）用 $75\sim100$mm 的外径百分尺，分别量出 D 与 D_1，D 与 D_2，D 与 D_3 两圆柱销外表面的最大距 A_1,A_2 和 A_3。则三孔与中心孔的中心距分别为：

$$L_1=A_1-\frac{1}{2}(D+D_1),$$

$$L_2=A_2-\frac{1}{2}(D+D_2),$$

$$L_3=A_3-\frac{1}{2}(D+D_3),$$

而中心距的基本尺寸为 $150\div2=75$(mm)。如果 L_1,L_2 和 L_3 都等于 75mm，就说明三个孔的中心线是在 150mm 的同一圆周上。

（3）用 $125\sim150$mm 的百分尺，分别量出 D_1 与 D_2，D_2 与 D_3，D_1 与 D_3 两圆柱销外表面的最大距离 A_{1-2},A_{2-3} 和 A_{1-3}。则它们之间的中心距为：

$$L_{1-2}=A_{1-2}-\frac{1}{2}(D_1+D_2),$$

$$L_{2-3}=A_{2-3}-\frac{1}{2}(D+D_{2-3}),$$

$$L_{1-3}=A_{1-3}-\frac{1}{2}(D_1+D_3)。$$

比较三个中心距的差值，就得三个孔的等分精度。如果三个中心距是相等的，即 $L_{1-2}=L_{2-3}=L_{1-3}$，这就说明三个孔的中心线在圆周上是等分的。

2.3.6　杠杆千分尺

杠杆千分尺又称指示千分尺，它是由外径百分尺的微分筒部分和杠杆卡规中指示机构组合而成的一种精密量具，如图 2-41 所示。

杠杆千分尺的放大原理如图 2-41（a）所示，其指示值为 0.002mm，指示范围为 ±0.06mm，$r_1=2.54$mm，$r_2=12.195$mm，$r_3=3.195$mm，指针长 $R=18.5$mm，$z_1=312$，$z_2=12$，则其传动放大比 k 为：

$$k\approx\frac{r_2R}{r_1r_3}\times\frac{z_1}{z_2}=\frac{12.195\text{mm}\times18.5\text{mm}}{2.54\text{mm}\times3.195\text{mm}}\times\frac{312}{12}=723\text{mm},$$

即活动测砧移动 0.002mm 时，指针转过一格。读数值 b 为：

$$b\approx0.002k=0.002\times723\text{mm}=1.446\text{mm}。$$

杠杆千分尺既可以进行相对测量，也可以像百分尺那样用作绝对测量。其分度值有 0.001mm 和 0.002mm 两种。

杠杆千分尺不仅读数精度较高，而且因弓形架的刚度较大，测量力由小弹簧产生，比普通百分尺的棘轮装置所产生的测量力稳定,因此,它的实际测量精度也较高。

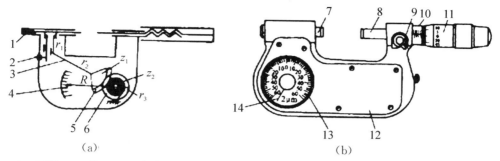

（a）　　　　　　　　　　　　　　（b）

1—压簧　2—拨叉　3—杠杆　4,14—指针　5—扇形齿轮$(z_1=312)$　6—小齿轮$(z_2=12)$
7—微动测杆　8—活动测杆　9—止动器　10—固定套筒　11—微分筒　12—盖板　13—表盘

图 2-41　杠杆千分尺

杠杆千分尺使用注意事项:

（1）用杠杆卡规或杠杆千分尺作相对测量前,应按被测工件的尺寸,用量块调整好零位。

（2）测量时,按动退让按钮,让测量杆面轻轻接触工件,不可硬卡,以免测量面磨损而影响精度。

（3）测量工件直径时,应摆动量具,以指针的转折点读数为正确测量值。

2.3.7　内径百分尺

内径百分尺如图 2-42(a)所示,其读数方法与外径百分尺相同。内径百分尺主要用于测量大孔径,为适应不同孔径尺寸的测量,可以接上接长杆[图 2-42(b)]。连接时,只需将保护螺帽 5 旋去,将接长杆的右端(具有内螺纹)旋在百分尺的左端即可。接长杆可

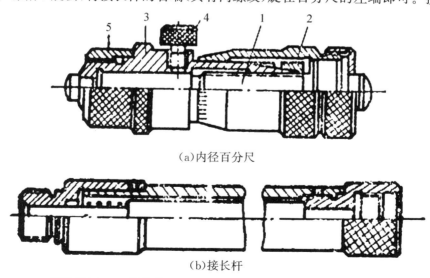

（a）内径百分尺

（b）接长杆

1—测微螺杆　2—微分筒　3—固定套筒　4—制动螺钉　5—保护螺帽

图 2-42　内径百分尺

以一个接一个地连接起来,测量范围最大可达到 5000mm。内径百分尺与接长杆是成套供应的。目前,国产内径百分尺的测量范围(mm)为 $50\sim250,50\sim600,100\sim1225,100\sim$ $1500,100\sim5000,150\sim1250,150\sim1400,150\sim2000,150\sim3000,150\sim4000,150\sim5000,$ $250\sim2000,250\sim4000,250\sim5000,1000\sim3000,1000\sim4000,1000\sim5000,2500\sim5000。$ 内径百分尺的读数值为 $0.01mm$。

内径百分尺上没有测力装置,测量压力的大小完全靠手中的感觉。测量时,是把它调整到所测量的尺寸后(图 2-43),轻轻放入孔内试测其接触的松紧程度是否合适。一端不动,另一端作左、右、前、后摆动。左右摆动,必须细心地放在被测孔的直径方向,以点接触,即测量孔径的最大尺寸处(最大读数处),要防止如图 2-44 所示的错误位置。前后摆动应在测量孔径的最小尺寸处(最小读数处)。按照这两个要求与孔壁轻轻接触,才能读出直径的正确数值。测量时,用力把内径百分尺压过孔径是错误的。这样做不但会使测

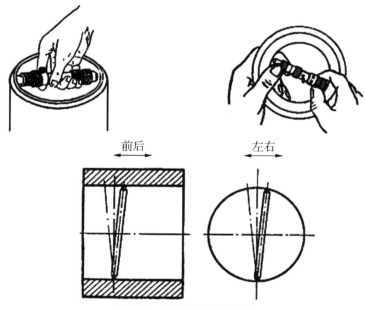

图 2-43　内径百分尺的使用

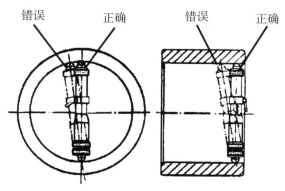

图 2-44　内径百分尺的错误位置

量面过早磨损，而且易使细长的测量杆弯曲变形，既损伤量具精度，又使测量结果不准确。

内径百分尺的示值误差比较大，如测 0~600mm 的内径百分尺，示值误差就有 ±0.01~0.02mm。因此，在测量精度较高的内径时，应把内径百分尺调整到测量尺寸后，放在由量块组成的相等尺寸上进行校准，或把测量内尺寸时的松紧程度与测量量块组尺寸时的松紧程度进行比较，克服其示值误差较大的缺点。

内径百分尺除可用来测量内径外，也可用来测量槽宽和机体两个内端面之间的距离等内尺寸。但 50mm 以下的尺寸不能测量，需用内测百分尺。

2.3.8　内测百分尺

内测百分尺如图 2-45 所示。适用于测量小尺寸内径和内侧面槽的宽度。其特点是容易找正内孔直径，测量方便。国产内测百分尺的读数值为 0.01mm，测量范围有 5~30mm 和 25~50mm 两种，图 2-45 所示的是 5~30mm 的内测百分尺。内测百分尺的读数方法与外径百分尺相同，只是套筒上的刻线尺寸与外径百分尺相反，另外它的测量方向和读数方向也都与外径百分尺相反。

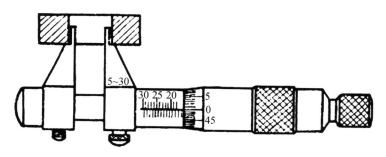

图 2-45　内测百分尺

2.3.9　三爪内径千分尺

三爪内径千分尺，适用于测量中小直径的精密内孔，尤其适于测量深孔的直径。测量范围（mm）为 6~8,8~10,10~12,11~14,14~17,17~20,20~25,25~30,30~35,35~40,40~50,50~60,60~70,70~80,80~90,90~100。三爪内径千分尺的零位，必须在标准孔内进行校对。

三爪内径千分尺的工作原理：图 2-46 为测量范围 11~14mm 的三爪内径千分尺，当顺时针旋转测力装置 6 时，就带动测微螺杆 3 旋转，并使它沿着螺纹轴套 4 的螺旋线方向移动，于是测微螺杆端部的方形圆锥螺纹就推动三个测量爪 1 作径向移动。扭簧 2 的弹力使测量爪紧紧地贴合在方形圆锥螺纹上，并随着测微螺杆的进退而伸缩。

三爪内径千分尺的方形圆锥螺纹的径向螺距为 0.25mm。即当测力装置顺时针旋转一周时测量爪 1 就向外移动（半径方向）0.25mm，三个测量爪组成的圆周直径就要增加 0.5mm。即微分筒旋转一周时，测量直径增大 0.5mm 而微分筒的圆周上刻着 100 个等分格，所以它的读数值为 0.5mm÷100＝0.005mm。

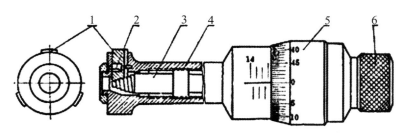

1—测量爪
2—扭簧
3—测微螺杆
4—螺纹轴套
5—微分筒
6—测力装置

图 2-46　三爪内径千分尺

2.3.10　公法线长度千分尺

公法线长度千分尺如图 2-47 所示。主要用于测量外啮合圆柱齿轮的两个不同齿面公法线长度,也可以在检验切齿机床精度时,按被切齿轮的公法线检查其原始外形尺寸。它的结构与外径百分尺相同,所不同的是在测量面上装有两个带精确平面的量钳(测量面)来代替原来的测砧面。

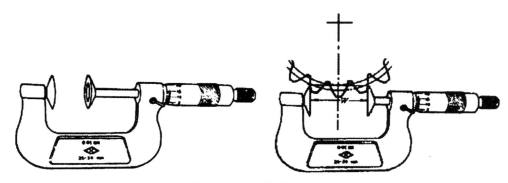

图 2-47　公法线长度测量

测量范围(mm):$0\sim25,25\sim50,50\sim75,75\sim100,100\sim125,125\sim150$。读数值(mm):0.01。测量模数 m(mm)$\geqslant1$。

2.3.11　壁厚千分尺

壁厚千分尺如图 2-48 所示。主要用于测量精密管形零件的壁厚。壁厚千分尺的测量面镶有硬质合金,以提高使用寿命。

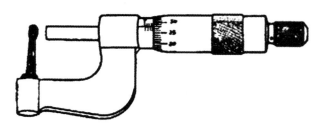

图 2-48　壁厚千分尺

测量范围(mm):0～10,0～15,0～25,25～50,50～75,75～100。读数值(mm):0.01。

2.3.12　板厚百分尺

板厚百分尺如图 2-49 所示。主要用于测量板料的厚度尺寸。其规格见表 2-7。

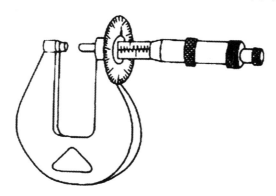

图 2-49　板厚百分尺(15～30mm)

表 2-7　板厚百分尺的规格
单位:mm

测量范围	读数值	可测深度
0～10	0.01	
0～15		50
0～25		150,200
25～50		
50～75		70
75～100		
0～15	0.05	
15～30		

2.3.13　尖头千分尺

尖头千分尺如图 2-50 所示。主要用来测量零件的厚度、长度、直径及小沟槽。如钻头和偶数槽丝锥的沟槽直径等。

测量范围(mm):0～25,25～50,50～75,75～100。读数值(mm):0.01。

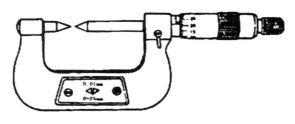

图 2-50　尖头千分尺

2.3.14 螺纹千分尺

螺纹千分尺如图 2-51 所示。主要用于测量普通螺纹的中径。

螺纹千分尺的结构与外径百分尺相似,所不同的是它有两个特殊的可调换的测量头 1 和 2,其角度与螺纹牙形角相同。测量范围与测量螺距的范围见表 2-8。

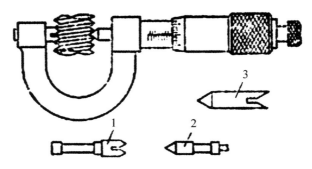

1,2—测量头　3—校正规

图 2-51　螺纹千分尺

表 2-8　普通螺纹中径的测量范围与测量螺距的范围

测量范围(mm)	测量头数量	测量螺距的范围(mm)
0～25	5	0.4～0.5,0.6～0.8,1～1.25,1.5～2,2.5～3.5
25～50	5	0.6～0.8,1～1.25,1.5～2,2.5～3.5,4～6
50～75 75～100	4	1～1.25,1.5～2,2.5～3.5,4～6
100～125 125～150	3	1.5～2,2.5～3.5,4～6

2.3.15 深度百分尺

深度百分尺如图 2-52 所示。用以测量孔深、槽深和台阶高度等。它的结构,除用基座代替尺架和测砧外,与外径百分尺没有什么区别。

深度百分尺的读数范围(mm):0～25,25～100,100～150。读数值(mm):0.01。它的测量杆 6 制成可更换的形式,更换后,用锁紧装置 4 锁紧。

深度百分尺校对零位可在精密平面上进行。即当基座端面与测量杆端面位于同一平面时,微分筒的零线正好对准。当更换测量杆时,一般零位不会改变。

用深度百分尺测量孔深时,应把基座 5 的测量面紧贴在被测孔的端面上。零件的这一端面应与孔的中心线垂直,且应当光洁平整,使深度百分尺的测量杆与被测孔的中心线平行,保证测量精度。此时,测量杆端面到基座端面的距离,就是孔的深度。

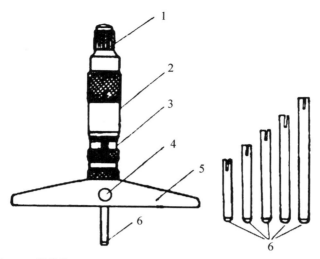

1—测力装置　2—微分筒　3—固定套筒　4—锁紧装置　5—基座(底板)　6—测量杆

图 2-52　深度百分尺

2.3.16　数字外径百分尺

近来,我国有数字外径百分尺(图 2-53),用数字表示读数,使用更为方便。还有在固定套筒上刻有游标,利用游标可读出 0.002mm 或 0.001mm 的读数值。

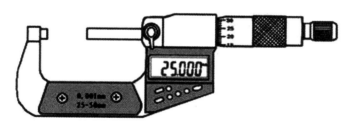

图 2-53　数字外径百分尺

▷ 2.4　指示式量具

指示式量具是以指针指示出测量结果的量具。车间常用的指示式量具有:百分表、千分表、杠杆百分表和内径百分表等。主要用于校正零件的安装位置,检验零件的形状精度和相互位置精度,以及测量零件的内径等。

2.4.1　百分表的结构

百分表和千分表,都是用来校正零件或夹具的安装位置,检验零件的形状精度或相互位置精度的。它们的结构原理没有什么大的不同,就是千分表的读数精度比较高,即千分表的读数值为 0.001mm,而百分表的读数值为 0.01mm。车间里经常使用的是百分表,因此,本节主要介绍百分表。

百分表的外形如图 2-54 所示。8 为测量杆,6 为指针,刻度盘 3 上刻有 100 个等分格,其刻度值(读数值)为 0.01mm。当指针转一圈时,小指针即转动一小格,转数指示盘 5 的刻度值为 1mm。用手转动表圈 4 时,刻度盘 3 也跟着转动,可使指针对准任一刻线。测量杆 8 是沿着套筒 7 上下移动的,套筒 7 可作为安装百分表用。9 是测量头,2 是手提测量杆用的圆头(手提帽)。

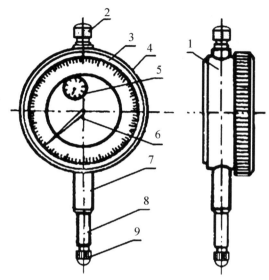

1—表壳 2—手提帽 3—刻度盘 4—表圈 5—转数指示盘(小指针刻度)

6—指针 7—套筒 8—测量杆 9—测量头

图 2-54 百分表

图 2-55 是百分表内部结构的示意图。带有齿条的测量杆 1 的直线移动,通过齿轮传动(Z_1,Z_2 和 Z_3),转变为指针 2 的回转运动。齿轮 Z_4 和游丝 3 使齿轮传动的间隙始终

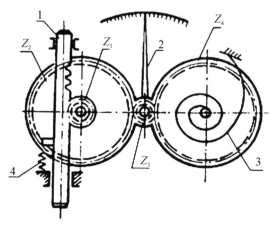

1—测量杆 2—指针 3—游丝 4—弹簧

图 2-55 百分表的内部结构

在一个方向,起着稳定指针位置的作用。弹簧 4 是控制百分表的测量压力的。百分表内的齿轮传动机构,使测量杆直线移动 1mm 时,指针正好回转一圈。

由于百分表和千分表的测量杆是作直线移动的,可用来测量长度尺寸,所以它们也是长度测量工具。目前,国产百分表的测量范围(测量杆的最大移动量)有 0～3mm,0～5mm,0～10mm 三种。读数值为 0.001mm 的千分表,测量范围为 0～1mm。

2.4.2　百分表和千分表的使用方法

由于千分表的读数精度比百分表高,所以百分表适用于尺寸精度为 IT6～IT8 级零件的校正和检验,千分表则适用于尺寸精度为 IT5～IT7 级零件的校正和检验。百分表和千分表按其制造精度,可分为 0 级、1 级和 2 级三种,0 级精度较高。使用时,应按照零件的形状和精度要求,选用合适的百分表或千分表的精度等级和测量范围。

使用百分表和千分表时,必须注意以下几点:

(1)使用前,应检查测量杆活动的灵活性。即轻轻推动测量杆时,测量杆在套筒内的移动要灵活,没有任何轧卡现象,且每次放松后,指针能恢复到原来的刻度位置。

(2)使用百分表或千分表时,必须把它固定在可靠的夹持架上(如恢万能表架或磁性表座上,如图 2-56 所示),夹持架要安放平稳,以免造成测量结果不准确或摔坏百分表。

用夹持百分表的套筒来固定百分表时,夹紧力不要过大,以免因套筒变形而使测量杆活动不灵活。

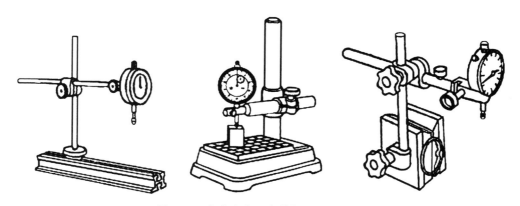

图 2-56　安装在专用夹持架上的百分表

(3)用百分表或千分表测量零件时,测量杆必须垂直于被测量表面,如图 2-57 所示。使测量杆的轴线与被测量尺寸的方向一致,否则将使测量杆活动不灵活或使测量结果不准确。

(4)测量时,不要使测量杆的行程超过它的测量范围,不要使测量头突然撞在零件上,不要使百分表和千分表受到剧烈的振动和撞击,亦不要把零件强行推入测量头下,以免损坏百分表和千分表的机件而失去精度。因此,用百分表测量表面粗糙或有显著凹凸不平的零件是错误的。

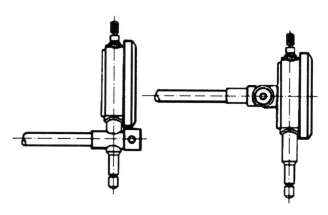

图 2-57　百分表安装方法

（5）用百分表校正或测量零件时,应当使测量杆有一定的初始测力,如图 2-58 所示。即当测头与零件表面接触时,测量杆应有 0.3～1mm 的压缩量（千分表可小一点,有 0.1mm 即可）,使指针转过半圈左右,然后转动表圈,使表盘的零位刻线对准指针。轻轻地拉动手提测量杆的圆头,拉起和放松几次,检查指针所指的零位有无改变。当指针的零位稳定后,再开始测量或校正零件的工作。如果是校正零件,此时开始改变零件的相对位置,读出指针的偏摆值,就是零件安装的偏差数值。

图 2-58　百分表尺寸校正与检验方法

（6）检查工件的平整度或平行度时,将工件放在平台上,使测量头与工件表面接触,调整指针使摆动 1/2～1/3 转,然后把刻度盘零位对准指针,跟着慢慢地移动表座或工件。当指针顺时针摆动,说明工件偏高;反时针摆动,说明工件偏低了。如图 2-59 所示。

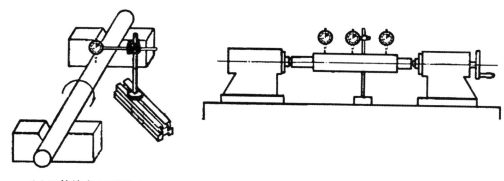

（a）工件放在 V 形铁上   （b）工件放在专用检验架上

图 2-59 轴类零件圆度、圆柱度及跳动测量

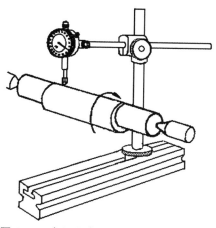

测量轴的时候，以指针摆动最大数字为读数（最高点）；测量孔的时候，以指针摆动最小数字（最低点）为读数。

检验工件的偏心度时，如果偏心距较小，可按图 2-60 所示的方法测量偏心距，把被测轴装在两顶尖之间，使百分表的测量头接触在偏心部位上（最高点），用手转动轴，百分表上指示出的最大数字和最小数字（最低点）之差的 1/2 就等于偏心距的实际尺寸。偏心套的偏心距也可用上述方法来测量，但必须将偏心套装在心轴上进行测量。

图 2-60 在两顶尖上测量偏心距的方法

偏心距较大的工件，因受到百分表测量范围的限制，就不能用上述方法测量。这时可用如图 2-61 所示的间接测量偏心距的方法。测量时，把 V 形铁放在平板上，并把工件放在 V 形铁中，转动偏心轴，用百分表测量出偏心轴的最高点，找出最高点后，工件固定不动。再将百分表水平移动，测出偏心轴外圆到基准外圆之间的距离 a，然后用下式计算出偏心距 e：

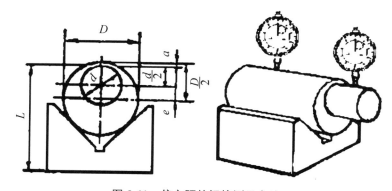

图 2-61 偏心距的间接测量方法

$$\frac{D}{2}=e+\frac{d}{2}+a,$$

$$e=\frac{D}{2}-\frac{d}{2}-a。$$

式中：e——偏心距（mm）；

D——基准轴外径（mm）；

d——偏心轴直径（mm）；

a——基准轴外圆到偏心轴外圆之间最小距离（mm）。

用上述方法，必须把基准轴直径和偏心轴直径用百分尺测量出正确的实际尺寸，否则计算时会产生误差。

（7）检验车床主轴轴线对刀架移动的平行度时，在主轴锥孔中插入一根检验棒，把百分表固定在刀架上，使百分表测头触及检验棒表面，如图2-62所示。移动刀架，分别对侧母线 A 和上母线 B 进行检验，记录百分表读数的最大差值。为消除检验棒轴线与旋转轴线不重合对测量的影响，必须旋转主轴180°，再用同样的方法检验一次 A，B 的误差并分别计算，两次测量结果的代数和之半就是主轴轴线对刀架移动的平行度误差。要求水平面内的平行度允差只许向前偏，即检验棒前端偏向操作者；垂直平面内的平行度允差只许向上偏。

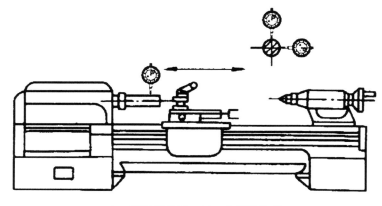

A—侧母线位置　B—上母线位置

图 2-62　主轴轴线对刀架移动的平行度检验

（8）检验刀架在水平面内移动的直线度时，将百分表固定在刀架上，使其测头顶在主轴和尾座顶尖间的检验棒侧母线上（图2-63位置 A），调整尾座，使百分表在检验棒两端的读数相等。然后移动刀架，在全行程上检验。百分表在全行程上读数的最大代数差值，就是水平面内的直线度误差。

（9）在使用百分表和千分表的过程中，要严防水、油和灰尘渗入表内，测量杆上也不要加油，免得粘有灰尘的油污进入表内，影响表的灵活性。

（10）不使用百分表和千分表时，应使其测量杆处于自由状态，以免表内的弹簧失效。如不使用内径百分表上的百分表时，应将其拆下来保存。

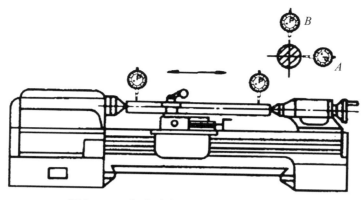

图 2-63　刀架移动在水平面内的直线度检验

2.4.3　杠杆千分表

杠杆千分表的分度值为 0.002mm,其原理如图 2-64 所示,当测量杆 1 向左摆动时,拨杆 2 推动扇形齿轮 3 上的圆柱销 C 使扇形齿轮绕轴 B 逆时针转动,此时圆柱销 D 与拨杆 2 脱开。当测量杆 1 向右摆动时,拨杆 2 推动扇形齿轮上的圆柱销 D 也使扇形齿轮绕轴 B 逆时针转动,此时圆柱销 C 与拨杆 2 脱开。这样,无论测量杆 1 向左或向右摆动,扇形齿轮 3 总是逆时针方向转动。扇形齿轮 3 再带动小齿轮 4 以及同轴的端面齿轮 5,经小齿轮 6,由指针 7 在刻度盘上指示出数值。

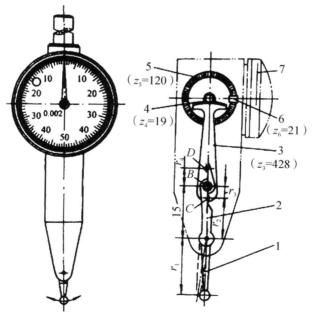

1—测量杆　2—拨杆　3—扇形齿轮　4—小齿轮

5—端面齿轮　6—小齿轮　7—指针

图 2-64　杠杆千分表

2.4.4 杠杆百分表和千分表的使用方法

1. 使用注意事项

（1）千分表应固定在可靠的表架上,测量前必须检查千分表是否夹牢,并多次提拉千分表测量杆与工件接触,观察其重复指示值是否相同。

（2）测量时,不准用工件撞击测头,以免影响测量精度或撞坏千分表。为保持一定的起始测量力,测头与工件接触时,测量杆应有 0.3～0.5mm 的压缩量。

（3）测量杆上不要加油,以免油污进入表内,影响千分表的灵敏度。

（4）千分表测量杆与被测工件表面必须垂直,否则会产生误差。

（5）杠杆千分表的测量杆轴线与被测工件表面的夹角愈小,误差就愈小。如果由于测量需要,α 角无法调小时(当 $\alpha > 15°$),其测量结果应进行修正。从图 2-65 可知,当平面上升距离为 a 时,杠杆千分表摆动的距离为 b,也就是杠杆千分表的读数为 b,因为 $b > a$,所以指示读数增大。具体修正计算式如下:

$$a = b\cos\alpha。$$

例 用杠杆千分表测量工件时,测量杆轴线与工件表面的夹角 α 为 30°,测量读数为 0.048mm,求正确测量值。

解 $a = b\cos\alpha = 0.048 \times \cos30° = 0.048 \times 0.866 = 0.0416(\text{mm})。$

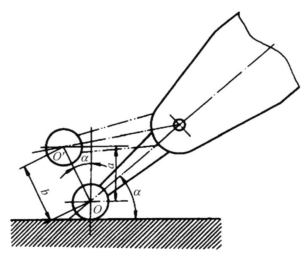

图 2-65 杠杆千分表测杆轴线位置引起的测量误差

2. 杠杆百分表和千分表的使用

（1）杠杆百分表体积较小,适合于零件上孔的轴心线与底平面的平行度的检查,如图 2-66 所示。将工件底平面放在平台上,使测量头与 A 端孔表面接触,左右慢慢移动表座,找出工件孔径最低点,调整指针至零位,将表座慢慢向 B 端推进。也可以工件转换方向,再使测量头与 B 端孔表面接触,A,B 两端指针最低点和最高点在全程上读数的最大差值,就是全部长度上的平行度误差。

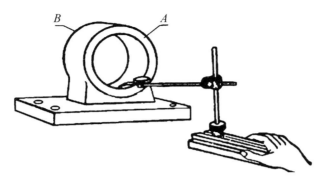

图 2-66　孔的轴心线与底平面的平行度检验方法

（2）用杠杆百分表检验键槽的直线度时，如图 2-67 所示。在键槽上插入检验块，将工件放在 V 形铁上，百分表的测头触及检验块表面进行调整，使检验块表面与轴心线平行。调整好平行度后，将测头接触 A 端平面，调整指针至零位，将表座慢慢向 B 端移动，在全程上检验。百分表在全程上读数的最大代数差值，就是水平面内的直线度误差。

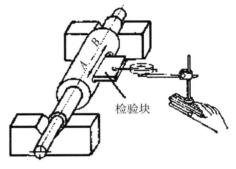

图 2-67　键槽直线度检验方法

（3）检验车床主轴轴向窜动量时，在主轴锥孔内插入一根短锥检验棒，在检验棒中心孔放一颗钢珠，将千分表固定在车床上，使千分表平测头顶在钢珠上（图 2-68 位置 A），沿主轴轴线加一力 F，旋转主轴进行检验，千分表读数的最大差值，就是主轴轴向窜动的误差。

（4）检验车床主轴轴肩支承面跳动时，将千分表固定在车床上使其测头顶在主轴轴

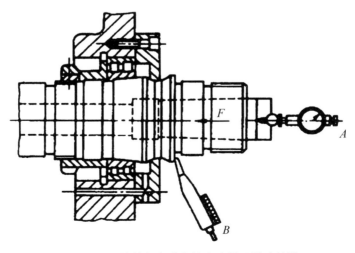

图 2-68　主轴轴向窜动和轴肩支承面跳动检验

肩支承面靠近边缘处(图 2-68 位置 B),沿主轴轴线加一力 F,旋转主轴检验。千分表的最大读数差值,就是主轴轴肩支承面的跳动误差。

　　检验主轴的轴向窜动和轴肩支承面跳动时外加一轴向力 F,是为了消除主轴轴承轴向间隙对测量结果的影响。其大小一般等于 $1/2\sim 1$ 倍主轴重量。

　　(5)内外圆同轴度的检验,在排除内外圆本身的形状误差时,可用圆跳动量来计算。以内孔为基准时,可把工件装在两顶尖的心轴上,用百分表或杠杆表检验(图 2-69)。百分表(杠杆表)在工件转一周的读数,就是工件的圆跳动。以外圆为基准时,把工件放在 V 形铁上,如图 2-70 所示,用杠杆表检验。这种方法可测量不能安装在心轴上的工件。

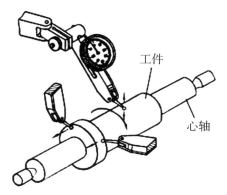

图 2-69　在心轴上检验圆跳动

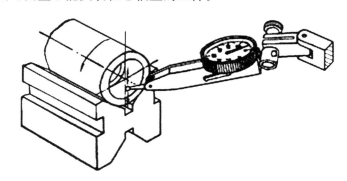

图 2-70　在 V 形铁上检验圆跳动

　　(6)齿向精度检验,如图 2-71 所示。将锥齿轮套入测量心轴,心轴装夹于分度头上,校正分度头主轴使其处于准确的水平位置,然后在游标高度尺上装一杠杆百分表,用百分表找出测量心轴上母线的最高点,并调整零位,将游标高度尺连同百分表降下一个心

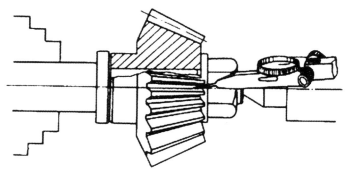

图 2-71　检查齿向精度

轴半径尺寸,此时百分表的测头零位正好处在锥齿轮的中心位置上。再用调好零位的百分表去测量齿轮处于水平方向的某一个齿面,使该齿大小端的齿面最高点都处在百分表的零位上。此时,该齿面的延伸线与齿轮轴线重合。以后,只需摇动分度盘依次进行分齿,并测量大小端读数是否一致。若读数一致,说明该齿侧方向的齿向精度是合格的;否则,该项精度有误差。一侧齿测量完毕后,将百分表测头改成反方向,用同样的方法测量轮齿另一侧的齿向精度。

2.4.5　内径百分表

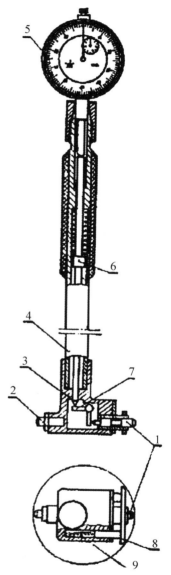

内径百分表是内量杠杆式测量架和百分表的组合,如图2-72所示。用以测量或检验零件的内孔、深孔直径及其形状精度。

内径百分表测量架的内部结构,如图2-72所示。在主体(三通管)3的一端装着活动测头1,另一端装着可换测头2,垂直管口一端,通过连杆(直管)4装有百分表5。活动测头1的移动,使等臂杠杆7回转,通过传动杆6,推动百分表的测量杆,使百分表指针产生回转。由于等臂杠杆7的两侧触点是等距离的,当活动测头移动1mm时,传动杆也移动1mm,推动百分表指针回转一圈。所以,活动测头的移动量,可以在百分表上读出来。两触点量具在测量内径时,不容易找正孔的直径方向,定位护桥8和弹簧9就起了一个帮助找正直径位置的作用,使内径百分表的两个测量头正好在内孔直径的两端。活动测头的测量压力由传动杆6上的弹簧控制,保证测量压力一致。内径百分表活动测头的移动量,小尺寸的只有0~1mm,大尺寸的可有0~3mm,它的测量范围是由更换或调整可换测头的长度来达到的。因此,每个内径百分表都附有成套的可换测头。国产内径百分表的读数值为0.01mm,测量范围(mm)为10~18,18~35,35~50,50~100,100~160,160~250,250~450。

用内径百分表测量内径是一种比较量法,测量前应根据被测孔径的大小,在专用的环规或百分尺上调整好尺寸后才能使用。调整内径百分尺的尺寸时,选用可换测头的长度及其伸出的距离(大尺寸内径百分表的可换测头是用螺纹旋上去的,故可调整伸出的距离,小尺寸的不能调整),应使被测尺寸在活动测头总移动量的中间位置。

1—活动测头　2—可换测头
3—主体　4—直管
5—百分表　6—传动杆
7—等臂杠杆　8—定位护桥
9—弹簧

图 2-72　内径百分表

内径百分表的示值误差比较大,如测量范围为 35～50mm 的,示值误差为±0.015mm。为此,使用时应当经常地在专用环规或百分尺上校对尺寸(习惯上称校对零位),必要时可在由块规附件装夹好的块规组上校对零位,并增加测量次数,以便提高测量精度。

内径百分表的指针摆动读数,刻度盘上每一格为 0.01mm,盘上刻有 100 格,即指针每转一圈为 1mm。

2.4.6 内径百分表的使用方法

内径百分表用来测量圆柱孔,它附有成套的可调测量头,使用前必须进行组合和校对零位,如图 2-73 所示。组合时,将百分表装入连杆内,使小指针指在 0～1 的位置上,长针和连杆轴线重合,刻度盘上的字应垂直向下,以便于测量时观察,装好后应予以紧固。

粗加工时,最好先用游标卡尺或内卡钳测量。因内径百分表同其他精密量具一样,属贵重仪器,其好坏与精确度直接影响工件的加工精度和使用寿命。粗加工时,工件加工表面粗糙不平而导致测量不准确,也易使测头磨损。因此,须对内径百分表加以爱护和保养,精加工时再用其进行测量。

测量前应根据被测孔径大小用外径百分尺调整好尺寸后才能使用,如图 2-74 所示。在调整尺寸时,正确选用可换测头的长度及其伸出距离,应使被测尺寸在活动测头总移动量的中间位置。

图 2-73 内径百分表外形

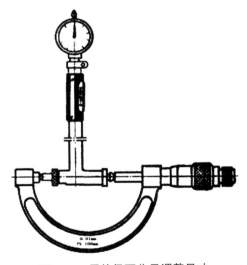

图 2-74 用外径百分尺调整尺寸

测量时,连杆中心线应与工件中心线平行,不得歪斜,同时应在圆周上多测几个点,找出孔径的实际尺寸,看是否在公差范围以内,如图 2-75 所示。

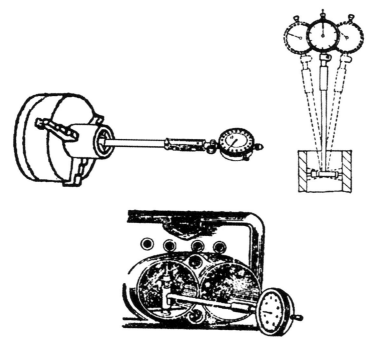

图 2-75　内径百分表的使用方法

2.5　角度量具

2.5.1　万能角度尺

　　万能角度尺是用来测量精密零件内外角度或进行角度划线的角度量具,角度量角有以下几种,如游标量角器、万能角度尺等。

　　万能角度尺的读数机构,如图 2-76 所示。是由刻有基本角度刻线的尺座 1 和固定在扇形板 6 上的游标 3 组成。扇形板可在尺座上回转移动(有制动器 5),形成了和游标卡尺相似的游标读数机构。万能角度尺尺座上的刻度线每格 1°。由于游标上刻有 30 格,所占的总角度为 29°,因此,两者每格刻线的度数差是:

$$1° - \frac{20°}{30} = \frac{1°}{30} = 2',$$

即万能角度尺的精度为 2′。

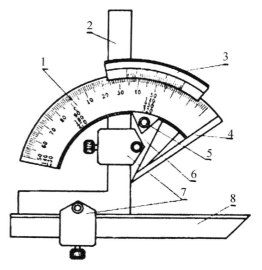

1—尺座　2—角尺　3—游标　4—基尺
5—制动器　6—扇形板　7—卡块　8—直尺
图 2-76　万能角度尺

万能角度尺的读数方法和游标卡尺相同,先读出游标零线前的角度是几度,再从游标上读出角度"分"的数值,两者相加就是被测零件的角度数值。

在万能角度尺上,基尺 4 是固定在尺座上的,角尺 2 是用卡块 7 固定在扇形板上的,可移动直尺 8 是用卡块固定在角尺上的。若把角尺 2 拆下,也可把直尺 8 固定在扇形板上。由于角尺 2 和直尺 8 可以移动和拆换,使万能角度尺可以测量 0°~320°的任何角度,如图 2-77 所示。

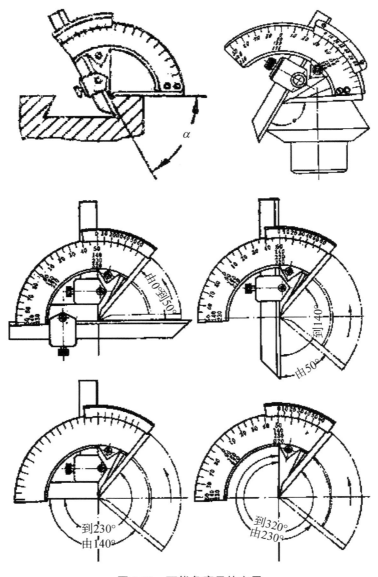

图 2-77　万能角度尺的应用

　　由图 2-77 可见,角尺和直尺全装上时,可测量 0°～50°的外角度;仅装上直尺时,可测量 50°～140°的角度;仅装上角尺时,可测量 140°～230′的角度;把角尺和直尺全拆下时,可测量 230°～320°的角度(可测量 40°～130°的内角度)。

　　万能角度尺的尺座上,基本角度的刻线只有 0°～90°,如果测量的零件角度大于 90°,则在读数时,应加上一个基数(90°,180°,270°)。当零件角度分别为:>90°～180°,被测角度=90°+量角尺读数;>180°～270°,被测角度=180°+量角尺读数;>270°～320°,被测角度=270°+量角尺读数。

　　用万能角度尺测量零件角度时,应使基尺与零件角度的母线方向一致,且零件应与量角尺的两个测量面的全长上接触良好,以免产生测量误差。

2.5.2　游标量角器

　　游标量角器的结构见图 2-78(a)。它由直尺 1、转盘 2、固定角尺 3 和定盘 4 组成。直尺 1 可顺其长度方向在适当的位置上固定。转盘 2 上有游标 5,它的精度为 5′。产生这种精度的刻线原理如图 2-78(b)所示。定盘上每格角度线 1°,转盘上自零度线起,左右各刻有 12 等分角度线,其总角度是 23°,因此游标上每格的度数是:

$$\frac{23°}{12}=115′=1°55′。$$

　　定盘上 2 格与转盘上 1 格的相差度数是:

$$2°-1°55′=5′,$$

即这种量角器的精度为 5′。

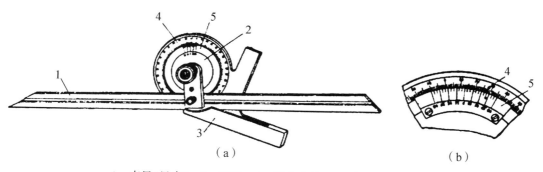

（a）　　　　　　　　　　　　　　（b）

1—直尺(尺身)　2—转盘　3—固定角尺　4—定盘　5—游标

图 2-78　游标量角器

图 2-79 为游标量角器的各种使用方法示例。

图 2-79 游标量角器的使用方法

2.5.3 万能角尺

万能角尺如图 2-80 所示。主要用于测量一般的角度、长度、深度、水平度以及在圆形工件上定中心等。又称万能钢角尺、组合角尺。它由钢尺 1、活动量角器 2、中心角规 3、

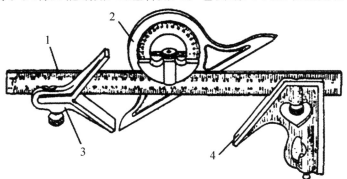

1一钢尺 2一活动量角器 3一中心角规 4一固定角规

图 2-80 万能角尺

固定角规 4 组成。其钢尺的长度为 300mm。

1. 钢尺

钢尺是万能角尺的主件,使用时与其他附件配合。钢尺正面刻有尺寸线,背面有一条长槽,用来安装其他附件。

2. 活动量角器

活动量角器上有一转盘,盘面刻有 0°～180°的刻度,当中还有水准器。把这个量角器装上钢尺以后,可量出 0°～180°范围内的任意角度。

3. 中心角规

中心角规的两条边成 90°。装上钢尺后,尺边与钢尺成 45°角,可用来求出圆形工件的中心。

4. 固定角规

固定角规有一长边,装上钢尺后成 90°。另一条斜边与钢尺成 45°。在长边的一端插一根划针作划线用。旁边还有水准器。

图 2-81 为万能角尺应用的图例。

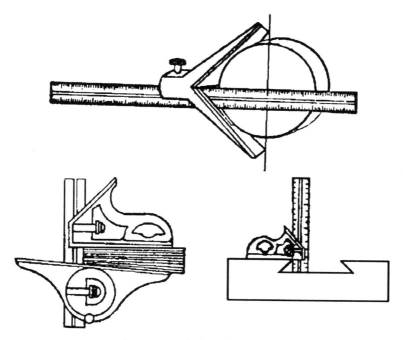

图 2-81　万能角尺的使用方法

2.5.4　带表角度尺

带表角度尺如图 2-82 所示。用于测量任意角度,测量精度比一般角度尺高。测量范围:0°～360°,分度值为 2′和 5′。

图 2-82　带表角度尺

2.5.5　中心规

　　中心规如图 2-83(a)所示,主要用于检验螺纹及螺纹车刀角度[图 2-83(b)]和螺纹车刀在安装时校正正确位置。车螺纹时,为了保证齿形正确,对安装螺纹车刀提出了较高的要求。对于三角螺纹,它的齿形要求对称和垂直于工件轴心线,即两半角相等。安装时为了使两半角相等,可按图 2-84 所示用中心规对刀,也可校验车床顶针的准确性。中心规的规格有 55°、60°两种。

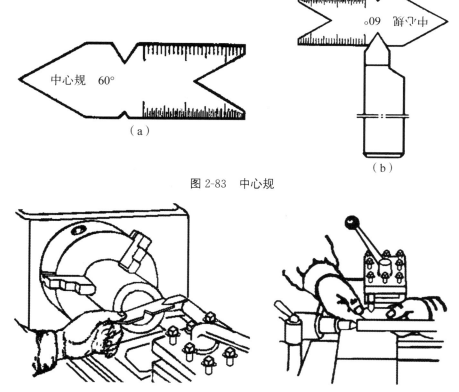

图 2-83　中心规

图 2-84　螺纹车刀对刀方法

2.5.6　正弦规

正弦规是用于准确检验零件及量规角度和锥度的量具。它是利用三角函数的正弦关系来度量的,故称正弦规或正弦尺、正弦台。如图 2-85 所示,正弦规主要由带精密工作平面的主体和两个精密圆柱组成,四周可以装挡板(使用时只装互相垂直的两块),测量时作为放置零件的定位板。国产正弦规有宽型和窄型两种,其规格见表 2-9。

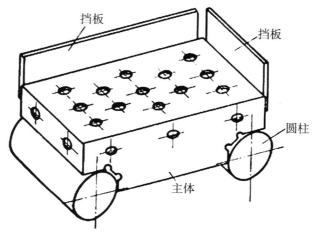

图 2-85　正弦规

表 2-9　正弦规的规格

两圆柱中心距(mm)	圆柱直径(mm)	工作台宽度(mm)		精度等级
		窄型	宽型	
100	20	25	80	0.1 级
200	30	40	80	

正弦规的两个精密圆柱的中心距的精度很高,窄型正弦规的中心距 200mm 的误差不大于 0.003mm,宽型的不大于 0.005mm。同时,主体上工作平面的平直度以及它与两个圆柱之间的相互位置精度都很高,因此可以用于精密测量,也可用于机床上加工带角度零件的精密定位。利用正弦规测量角度和锥度时,测量精度可达 ±3″～±1″,但适宜测量小于 40°的角度。

图 2-86 是应用正弦规测量圆锥塞规锥角的示意图。应用正弦规测量零件角度时,先把正弦规放在精密平台上,被测零件(如圆锥塞规)放在正弦规的工作平面上,被测零件的定位面平靠在正弦规的挡板上(如圆锥塞规的前端面靠在正弦规的前挡板上)。在正弦规的一个圆柱下面垫入量块,用百分表检查零件全长的高度,调整量块尺寸,使百分表在零件全长上的读数相同。此时,就可应用直角三角形的正弦公式,算出零件的角度。

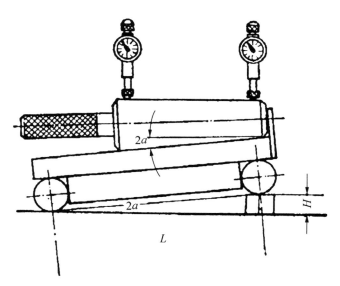

图 2-86　正弦规的应用

$$\sin2\alpha=\frac{H}{L}, \quad H=L\times\sin2\alpha=\frac{H}{L}。$$

式中：sin——正弦函数符号；

　　　2α——圆锥的锥角（°）；

　　　H——量块的高度（mm）；

　　　L——正弦规两圆柱的中心距（mm）。

例如，测量圆锥塞规的锥角时，使用的是窄型正弦规，中心距 $L=200$mm，当一个圆柱下垫入的量块高度 $H=10.06$mm 时，百分表在圆锥塞规全长上的读数相等。此时圆锥塞规的锥角计算如下：

$$\sin2\alpha=\frac{H}{L}=\frac{10.06}{200}=0.0503。$$

查正弦函数表得 $2\alpha=2°53'$，即圆锥塞规的实际锥角为 $2°53'$。

图 2-87 是锥齿轮的锥角检验。由于节锥是一个假想的圆锥，直接测量节锥角有困难，通常以测量根锥角 δ_f 值来代替。简单的测量方法是用全角样板测量根锥顶角，或用半角样板测量根锥角。此外，也可用正弦规测量，将锥齿轮套在心轴上，心轴置于正弦规上，将正弦规垫起一个根锥角 δ_f，然后用百分表测量齿轮大小端的齿根部即可。根据根锥角 δ_f 值计算应垫起的量块高度 H：

$$H=L\sin\delta_f。$$

式中：H——量块高度（mm）；

　　　L——正弦规两圆柱的中心距（mm）；

　　　δ_f——锥齿轮的根锥角（°）。

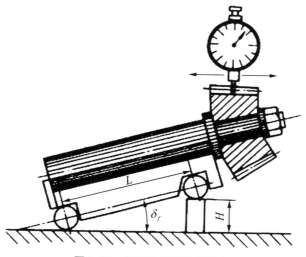

图 2-87　用正弦规检验根锥角

2.6　水平仪

水平仪是测量角度变化的一种常用量具,主要用于测量机件相互位置的水平位置和设备安装时的平面度、直线度和垂直度,也可测量零件的微小倾角。常用的水平仪有条式水平仪、框式水平仪和数字式光学合像水平仪等。

2.6.1　条式水平仪

图 2-88 是钳工常用的条式水平仪。条式水平仪由作为工作平面的 V 形底平面和与工作平面平行的水准器(俗称气泡)两部分组成。工作平面的平直度和水准器与工作平面的平行度都做得很精确。当水平仪的底平面放在准确的水平位置时,水准器内的气泡正好在中间位置(水平位置)。在水准器玻璃管内气泡两端刻线为零线的两边,刻有不少

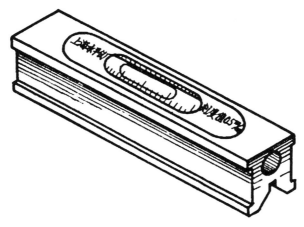

图 2-88　条式水平仪

于 8 格的刻度,刻线间距为 2mm。当水平仪的底平面与水平位置有微小的差别时,也就是水平仪底平面两端有高低之差时,水准器内的气泡由于地心引力的作用总是往水准器的最高一侧移动,这就是水平仪的使用原理。两端高低相差不大时,气泡移动的距离也不大;两端高低相差较大时,气泡移动的距离也较大。在水准器的刻度上就可读出两端高低的差值。

条式水平仪的规格见表 2-10。我们先对条式水平仪分度值进行说明,如分度值 0.03mm/m,即表示气泡移动一格时,被测量长度为 1m 的两端上,高低相差 0.03mm。再如,用 200mm 长,分度值为 0.05mm/m 的水平仪,测量 400mm 长的平面的水平度时,先把水平仪放在平面的左侧,此时若气泡向右移动二格,再把水平仪放在平面的右侧,此时若气泡向左移动三格,则说明这个平面是中间高、两侧低的凸平面。中间高出多少 mm 呢? 从左侧看,中间比左端高二格,即当被测量长度为 1m 时,中间高 2×0.05=0.10 (mm),现实际测量长度为 200mm,是 1m 的 1/5,所以,实际上中间比左端高 0.10×1/5 =0.02(mm)。从右侧看,中间比右端高三格,即当被测量长度为 1m 时,中间高 3×0.05 =0.15(mm),现实际测量长度为 200mm,是 1m 的 1/5,所以,实际上中间比右端高 0.15 ×1/5=0.03(mm)。由此可知,中间比左端高 0.02mm,中间比右端高 0.03mm,则中间比两端高出的数值为(0.02+0.03)÷2=0.025(mm)。

表 2-10　水平仪的规格

品种	外形尺(mm)			组别	分度值(mm/m)
	长	阔	高		
框式	100	25～35	100	Ⅰ	0.02
	150	30～40	150		
	200	35～40	200		
	250	40～50	250	Ⅱ	0.03～0.05
	300		300		
条式	100	30～35	35～40		
	150	35～40	35～45		
	200	40～45	40～50	Ⅲ	0.06～0.15
	250				
	300				

2.6.2　框式水平仪

图 2-89 是常用的框式水平仪,主要由框架 1 和弧形玻璃管主水准器 2、调整水准 3 组成。利用水平仪上水准泡的移动来测量被测部位角度的变化。

框架的测量面有平面和 V 形槽,V 形槽便于在圆柱面上测量。弧形玻璃管的表面上有刻线,内装乙醚或酒精,并留有一个水准泡,水准泡总是停留在玻璃管内的最高处。若水平仪倾斜一个角度,气泡就向左或向右移动,根据移动的距离(格数),直接或通过计算即可知道被测工件的直线度、平面度或垂直度误差。

水平仪工作原理如图 2-90 所示,精度为 0.02mm/1000mm 的水平仪玻璃管,曲率半径 $R=1\,031\,32$mm,当平面在 1000mm 长度中倾斜 0.02mm,则倾斜角 θ 为

$$tg\theta=\frac{0.02mm}{1000}=0.0002,$$
$$\theta=4''。$$

水准泡转过的角度应与平面转过的角度相等,则水准泡移动的距离(1 格)为

$$a=\frac{2\pi R\theta}{360\times60\times60}$$
$$=\frac{2\pi\times103132mm\times4''}{360\times60\times60}$$
$$=2mm。$$

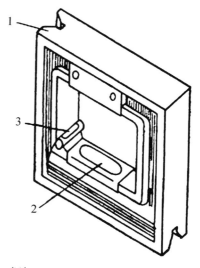

1—框架　2—主水准器　3—调整水准

图 2-89　框式水平仪

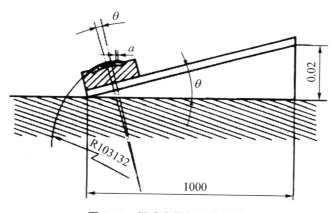

图 2-90　框式水平仪工作原理

水平仪的读数方法有直接读数法和平均读数法两种:

(1)直接读数法以气泡两端的长刻线作为零线,气泡相对零线移动格数作为读数,这种读数方法最为常用,如图 2-91 所示。

图 2-91(a)表示水平仪处于水平位置,气泡两端位于长线上,读数为"0";图 2-91(b)表示水平仪逆时针方向倾斜,气泡向右移动,图示位置读数为"+2";图 2-91(c)表示水平仪顺时针方向倾斜,气泡向左移动,图示位置读数为"-3"。

(2)平均读数法由于环境温度变化较大,使气泡变长或缩短,引起读数误差而影响测量的正确性,可采用平均读数法,以消除读数误差。

平均读数法读数是分别从两条长刻线起,向气泡移动方向读至气泡端点止,然后取这两个读数的平均值作为这次测量的读数值。

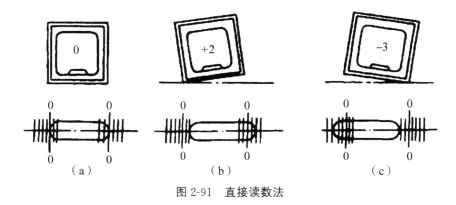

图 2-91 直接读数法

图 2-92(a)表示,由于环境温度较高,气泡变长,测量位置使气泡左移。读数时,从左边长刻线起,向左读数"－3";从右边长刻线起,向左读数"－2"。取这两个读数的平均值,作为这次测量的读数值:

$$\frac{(-3)+(-2)}{2}=-2.5。$$

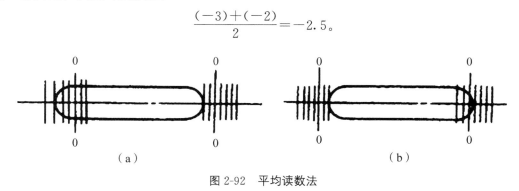

图 2-92 平均读数法

图 2-92(b)表示,由于环境温度较低,气泡缩短,测量位置使气泡右移,按上述读数方法,读数分别为"＋2"和"＋1",则测量的读数值是:

$$\frac{(+2)+(+1)}{2}=+1.5。$$

框式水平仪的使用方法:

(1)框式水平仪的两个 V 形测量面是测量精度的基准,在测量中不能与工作的粗糙面接触或摩擦。安放时必须小心轻放,避免因测量面划伤而损坏水平仪和造成不应有的测量误差。

(2)用框式水平仪测量工件的垂直面时,不能握住与副测面相对的部位,而用力向工件垂直平面推压,这样会因水平仪的受力变形影响测量的准确性。正确的测量方法是手握持副测面内侧,使水平仪平稳、垂直地(调整气泡位于中间位置)贴在工件的垂直平面上,然后从纵向水准读出气泡移动的格数。

(3)使用水平仪时,要保证水平仪工作面和工件表面的清洁度,以防止脏物影响测量的准确性。测量水平面时,在同一个测量位置上,应将水平仪调成相反的方向再进行测量。当移动水平仪时,不允许水平仪工作面与工件表面发生摩擦,应该提起来移动。如图 2-93 所示。

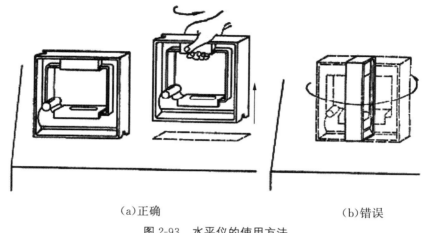

　　　　　　（a）正确　　　　　　　　　　　　　　　　　　（b）错误

图 2-93　水平仪的使用方法

　　（4）当测量长度较大的工件时,可将工件平均分成若干尺寸段,用分段测量法测量,然后根据各段的测量读数,绘出误差坐标图,以确定其误差的最大格数。如图 2-94 所示。床身导轨在纵向垂直平面内直线度的检验时,将框式水平仪纵向放置在刀架上靠近前导轨处（图 2-94 中位置 A）,从刀架处于主轴箱一端的极限位置开始,从左向右移动刀架,每次移动的距离应近似等于水平仪的边框尺寸（200mm）。依次记录刀架在每一测量长度位置时的水平仪读数。将这些读数依次排列,用适当的比例画出导轨在垂直平面内的直线度误差曲线。以水平仪读数为纵坐标,刀架在起始位置时的水平仪读数为起点,由坐标原点起作一折线段,其后每次读数都以前折线段的终点为起点,画出应折线段,各折线段组成的曲线即为导轨在垂直平面内直线度曲线。曲线相对其两端连线的最大坐标值,就是导轨全长的直线度误差,曲线上任一局部测量长度内的两端点相对曲线两端点的连线坐标差值,也就是导轨的局部误差。

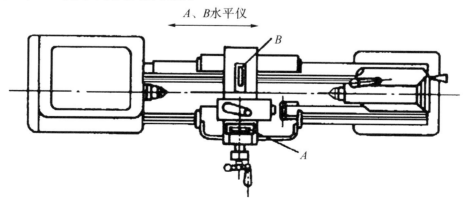

图 2-94　纵向导轨在垂直平面内直线度的检验

(5)机床工作台面的平面度检验方法如图 2-95 所示,工作台及床鞍分别置于行程的中间位置,在工作台面上放一桥板,其上放水平仪,分别沿图示各测量方向移动桥板,每隔桥板跨距 d 记录一次水平仪读数。通过工作台面上 A,B,D 三点建立基准平面,根据水平仪读数求得各测点平面的坐标值。误差以任意 300mm 测量长度上的最大坐标值计。标准规定的平面度允差见表 2-11。

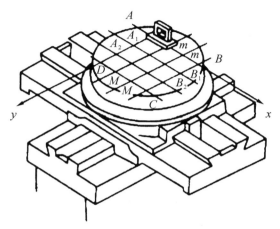

图 2-95　检验工作台面的平面度

表 2-11　工作台面的平面度允差　　　　　　　　　单位:mm

工作台直径	≤500	>500～630	>630～1250	>1250～2000
在任意 300mm 测量长度的允差值	0.02	0.025	0.03	0.035

(6)测量大型零件的垂直度时,如图 2-96(a)所示,用水平仪粗调基准表面到水平。分别在基准表面和被测表面上用水平仪分段逐步测量并用图解法确定基准方位,然后求

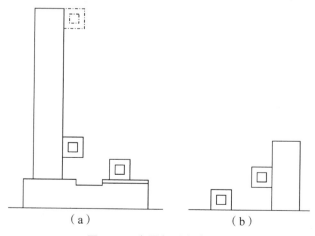

（a）　　　　　　　　（b）

图 2-96　水平仪垂直度测量

出被测表面相对于基准的垂直度误差。

（7）测量小型零件的垂直度时，如图 2-96(b)所示，先将水平仪放在基准表面上，读气泡一端的数值，然后用水平仪的一侧紧贴垂直被测表面，气泡偏离第一次（基准表面）读数值，即为被测表面的垂直度误差。

（8）水平仪使用后，应涂上防锈油并妥善保管。

2.6.3　光学合像水平仪

光学合像水平仪广泛用于精密机械中，测量工件的平面度、直线度和找正安装设备的正确位置。

1. 合像水平仪的结构和工作原理

合像水平仪主要由测微螺杆、杠杆系统、水准器、光学合像棱镜和具有 V 形工作平面的底座等组成，如图 2-97 所示。

水准器安装在杠杆架的底板上，它的水平位置用微分盘旋钮通过测微螺杆与杠杆系统进行调整。水准器内的气泡圆弧，分别用三个不同方向位置的棱镜反射至观察窗，分

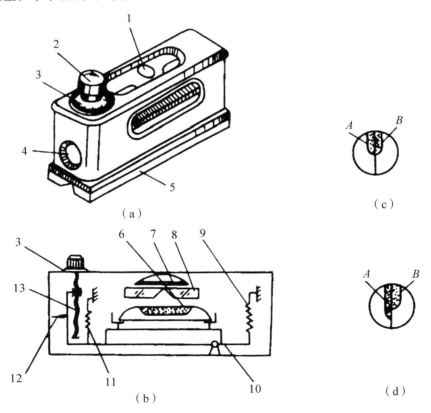

1,4—窗口　2—微分盘旋钮　3—微分盘　5—水平仪底座　6—玻璃管　7—放大镜
8—合成棱镜　9,11—弹簧　10—杠杆架　12—指针　13—测微螺杆

图 2-97　数字式光学合像水平仪

成两个半像,利用光学原理把气泡像复合放大(放大 5 倍),提高读数精度,并通过杠杆机构提高读数的灵敏度和增大测量范围。

当水平仪处于水平位置时,气泡 A 与 B 重合,如图 2-97(c)所示。当水平仪倾斜时,气泡 A 与 B 不重合,如图 2-97(d)所示。

测微螺杆的螺距 $P=0.5$mm,微分盘刻线分为 100 等分。微分盘转过一格,测微螺杆上螺母轴向移动 0.005mm。

2. 使用方法

将水平仪放在工件的被测表面上,眼睛看窗口 1,手转动微分盘,直至两个半气泡重合时进行读数。读数时,从窗口 4 读出毫米数,从微分盘上读出刻度数。

例如,分度值为 0.01mm/1000mm 的光学合像水平仪微分盘上的每一格刻度表示在 1m 长度上,两端的高度差为 0.01mm。测量时,如果从窗口读出的数值为 1mm,微分盘上的刻度数为 16,这次测量的读数就是 1.16mm,即被测工件表面的倾斜度,在 1m 长度上高度差为 1.16mm。如果工件的长度小于或大于 1m 时,可按正比例方法计算:1m 长度上的高度差×工件长度。

3. 使用特点

(1)测量工件被测表面误差大或倾斜程度大时,使用框式水平仪,气泡就会移至极限位置而无法测量,光学合像水平仪就没有这一弊病。

(2)环境温度变化对测量精度有较大的影响,所以使用时应尽量避免工件和水平仪受热。

≫ 2.7 量具的维护和保养

正确地使用精密量具是保证产品质量的重要条件之一。要保持量具的精度和它工作的可靠性,除了在使用中要按照合理的使用方法进行操作以外,还必须做好量具的维护和保养工作。

(1)在机床上测量零件时,要等零件完全停稳后进行,否则不但使量具的测量面过早磨损而失去精度,且会造成事故。尤其是车工使用外卡时,不要以为卡钳简单,磨损一点无所谓,要注意铸件内常有气孔和缩孔,一旦钳脚落入气孔内,可把操作者的手也拉进去,造成严重事故。

(2)测量前应把量具的测量面和零件的被测量表面都揩干净,以免有脏物存在而影响测量精度。用精密量具如游标卡尺、百分尺和百分表等,去测量锻铸件毛坯,或带有研磨剂(如金刚砂等)的表面是错误的,这样易使测量面很快磨损而失去精度。

(3)量具在使用过程中,不要和工具、刀具如锉刀、榔头、车刀和钻头等堆放在一起,以免碰伤量具。也不要随便放在机床上,以免因机床振动而使量具掉下来损坏。尤其是游标卡尺等,应平放在专用盒子里,以免使尺身变形。

(4)量具是测量工具,绝对不能作为其他工具的代用品。例如,拿游标卡尺划线,拿百分尺当小榔头,拿钢直尺当起子旋螺钉,以及用钢直尺清理切屑等都是错误的。把量具当玩具,如把百分尺等拿在手中任意挥动或摇转等也是错误的,都易使量具失去精度。

(5)温度对测量结果影响很大,零件的精密测量一定要使零件和量具都在20℃的情况下进行测量。一般可在室温下进行测量,但必须使工件与量具的温度一致,否则,金属材料热胀冷缩的特性易使测量结果不准确。

温度对量具精度的影响亦很大,量具不应放在阳光下或床头箱上,因为量具温度升高后,也量不出正确尺寸。更不要把精密量具放在热源(如电炉,热交换器等)附近,以免使量具受热变形而失去精度。

(6)不要把精密量具放在磁场附近,如磨床的磁性工作台上,以免使量具感磁。

(7)发现精密量具有不正常现象时,如量具表面不平、有毛刺、有锈斑以及刻度不准、尺身弯曲变形、活动不灵活等等,使用者不应当自行拆修,更不允许自行用榔头敲、锉刀锉、砂布打光等粗糙办法修理,以免反而增大量具误差。发现上述情况,使用者应当主动送计量站检修,并经检定量具精度后再继续使用。

(8)量具使用后,应及时揩干净,除不锈钢量具或有保护镀层者外,金属表面应涂上一层防锈油,放在专用的盒子里,保存在干燥的地方,以免生锈。

(9)精密量具应实行定期检定和保养,长期使用的精密量具,要定期送计量站进行保养和检定精度,以免因量具的示值误差超差而造成产品质量事故。

项目 3　尺寸误差检测

▷ 3.1　用游标卡尺测量工件的尺寸

3.1.1　实验目的

(1)掌握游标卡尺测量尺寸的方法。

(2)加深对零件尺寸公差的理解。

3.1.2　实验内容

用游标卡尺测量工件的尺寸。

3.1.3　测量原理

用游标卡尺测量工件的尺寸,根据测量结果和被测尺寸的公差要求及验收极限,判断被测尺寸是否合格。

3.1.4　测量步骤

(1)校对游标卡尺的零位。

(2)按图纸要求测量工件的尺寸,记录测量数据。

(3)根据测量结果和被测尺寸的公差要求及验收极限,判断被测尺寸是否合格。

3.1.5　项目任务单

3.1　用游标卡尺测量工件的尺寸

一、测量对象

被测件图号＿＿＿＿＿＿＿＿＿＿＿。

二、测量器具

器具名称	分度值(mm)	示值范围(mm)	测量范围(mm)
游标卡尺			

三、测量记录和计算

被测尺寸及上下偏差	上极限尺寸	下极限尺寸	公差	第一次测量	第二次测量	第三次测量	判断合格性

画其中三个尺寸的公差带图：

3.1.6　考核标准

(1)实验课认真听讲,掌握量具的工作原理和使用方法,规范使用测量器具。(40%)

(2)完成指定被测数据的检测,填写对应的质量检测报告,判断零件是否合格。(40%)

(3)测量结果的准确性,工位的 6S 职业素养维护情况。(20%)

▷ 3.2　用千分尺测量工件的尺寸

3.2.1　实验目的

(1)掌握千分尺测量尺寸的方法。

(2)加深对零件尺寸公差的理解。

3.2.2　实验内容

用千分尺测量工件的尺寸。

3.2.3　测量原理

用千分尺测量工件的尺寸,根据测量结果和被测尺寸的公差要求及验收极限,判断被测尺寸是否合格。

3.2.4　测量步骤

(1)校对千分尺的零位。

(2)按图纸要求测量工件的尺寸,记录测量数据。

(3)根据测量结果和被测尺寸的公差要求及验收极限,判断被测尺寸是否合格。

3.2.5　项目任务单

3.2　用千分尺测量工件的尺寸

一、测量对象

被测件图号_____。

二、测量器具

器具名称	分度值(mm)	示值范围(mm)	测量范围(mm)
千分尺			

三、测量记录和计算

被测尺寸及上下偏差	上极限尺寸	下极限尺寸	公差	第一次测量	第二次测量	第三次测量	判断合格性

画其中三个尺寸的公差带图：

3.2.6 考核标准

(1)实验课认真听讲,掌握量具的工作原理和使用方法,规范使用测量器具。(40%)

(2)完成指定被测数据的检测,填写对应的质量检测报告,判断零件是否合格。(40%)

(3)测量结果的准确性,工位的 6S 职业素养维护情况。(20%)

3.3 用内径百分表测量孔径

3.3.1 实验目的

(1)熟悉内径百分表及孔径的测量方法。

(2)加深对内尺寸测量特点的了解。

3.3.2 实验内容

用内径百分表测量内径。

3.3.3 测量原理

内径百分表是用相对法测量内径的一种常用量仪,其分度值为 0.01mm。测量时首先按被测孔的基本尺寸 L 组合量块,将组合好的量块放入量块夹中。再用它来调整内径百分表指针到零位。测量孔径时从内径百分表上读出指针偏移量 ΔL,被测孔径 $D = L + \Delta L$。根据测量结果和被测孔的公差要求及验收极限,判断被测孔是否合格。

3.3.4 测量步骤

1. 选取可换测头

根据被测孔的基本尺寸,选取可换测头拧入内径百分表的螺孔中,扳紧锁紧螺母。

2. 组合量块组

按被测孔的基本尺寸 L 组合量块,将组合好的量块放入量块夹中夹紧。

3. 将内径百分表调整零位

用一只手握住内径百分表的隔热手柄,另一只手的食指和中指轻轻按压定位板,使内径百分表的测头进入到量块夹的侧块中,然后在垂直和水平两个方向摆动内径百分表找最小值。反复摆动几次,并相应地旋转表盘,使百分表的指针对准零位。零位对好后,用手指轻轻按压定位板,缓缓地将内径百分表从量块夹的侧块中取出。

4. 测量孔径

将内径百分表插入被测孔中,沿被测孔的轴线方向测几个截面,每个截面都要在互相垂直的两个方向上各测一次。测量时轻轻摆动内径百分表(图 3-1),记下示值变化的最小值。根据测量结果和被测孔的公差要求及验收极限,判断被测孔是否合格。

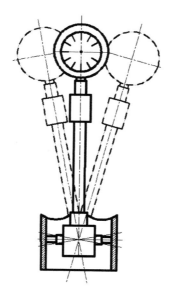

图 3-1　内径百分表的使用

3.3.5　项目任务单

3.3　用内径百分表测量孔径

一、测量对象和要求

　　1. 被测件 1 图号＿＿＿＿＿＿＿＿＿＿＿＿。

　　2. 被测尺寸及公差代号＿＿＿＿＿＿＿＿公称尺寸＿＿＿＿＿＿上偏差＿＿＿＿＿＿下偏差＿＿＿＿＿＿。

　　上极限尺寸(mm)＿＿＿＿＿＿＿＿,下极限尺寸(mm)＿＿＿＿＿＿＿＿＿＿＿。

　　3. 被测件 2 图号＿＿＿＿＿＿＿＿＿＿＿＿。

　　4. 被测尺寸及公差代号＿＿＿＿＿＿＿＿公称尺寸＿＿＿＿＿＿上偏差＿＿＿＿＿＿下偏差＿＿＿＿＿＿。

　　上极限尺寸(mm)＿＿＿＿＿＿＿＿,下极限尺寸(mm)＿＿＿＿＿＿＿＿＿＿＿。

二、测量器具

器具名称	分度值(mm)	示值范围(mm)	测量范围(mm)
1. 内径百分表			
2. 量块	精度等级＿＿＿＿＿＿＿,组合尺寸＿＿＿＿＿＿＿ mm。		

三、测量记录和计算

测量位置	实际偏差(mm)			实际尺寸(mm)		
	Ⅰ－Ⅰ	Ⅱ－Ⅱ	Ⅲ－Ⅲ	Ⅰ－Ⅰ	Ⅱ－Ⅱ	Ⅲ－Ⅲ
被测尺寸1						
被测尺寸2						

四、测量部位图	五、判断合格性
	被测件1 _____。 被测件2 _____。

3.3.6　考核标准

(1)实验课认真听讲,掌握量具的工作原理和使用方法,规范使用测量器具。(40%)

(2)完成指定被测数据的检测,填写对应的质量检测报告,判断零件是否合格。(40%)

(3)测量结果的准确性,工位的6S职业素养维护情况。(20%)

▶3.4　配合零件尺寸检测

3.4.1　实验目的

(1)理解机械零件的配合种类和配合参数的计算。

(2)熟练掌握用游标卡尺测量配合件尺寸的方法。

3.4.2　实验内容

用游标卡尺测量平键和花键配合的尺寸。

3.4.3　测量原理

用游标卡尺测量平键和花键配合的尺寸,根据测量结果和被测尺寸的公差要求及验收极限,判断被测尺寸是否合格。

3.4.4　测量步骤

(1)校对游标卡尺的零位。

(2)按图纸要求测量工件的尺寸,记录测量数据。

（3）根据测量结果和被测尺寸的公差要求及验收极限，判断被测尺寸是否合格。

3.4.5　项目任务单

3.4　配合零件尺寸检测

一、测量对象和要求

被测件图号_____。

二、测量器具

器具名称	分度值(mm)	示值范围(mm)	测量范围(mm)
游标卡尺			

三、测量记录和计算

被测工作	被测尺寸及上下偏差	上极限尺寸	下极限尺寸	公差	第一次测量	第二次测量	判断合格性
平键宽度							
平键高度							
轴键槽宽度							
轴套键槽宽度							
外花键大径							
外花键小径							
外花键键宽							
内花键大径							
内花键小径							
内花键键槽宽							
轴承内径							

轴承外径						
轴套内径						
与轴承配合轴直径						

1. 画平键与轴键槽公差带图,判断其配合性质并计算极限间隙或极限过盈。

2. 画平键与轴套键槽公差带图,判断其配合性质并计算极限间隙或极限过盈。

3. 画轴承内径与轴公差带图,判断其配合性质并计算极限间隙或极限过盈。

3.4.6 考核标准

（1）实验课认真听讲,掌握量具的工作原理和使用方法,规范使用测量器具。（40%）

（2）完成指定被测数据的检测,填写对应的质量检测报告,判断零件是否合格。（40%）

（3）测量结果的准确性,工位的 6S 职业素养维护情况。（20%）

项目 4　形状和位置误差的测量

≫ 4.1　直线度误差的测量

4.1.1　实验目的

（1）掌握直线度误差的测量方法及数据处理。

（2）加深对直线度误差的理解。

（3）掌握直线度误差的评定方法。

4.1.2　实验内容

按测点法测量工件在给定平面内的直线度误差，并判断其合格性。

4.1.3　测量原理

用千分表测量工件直线上的若干点，记录读数，通过计算作图得出工件全长内的直线度误差。

4.1.4　测量步骤

1. 测量数据

安装好零件和检测装置，移动滑座，使千分表接触工件上的 0 点和 10 点，调整高度使两点读数相等，测量工件的 1 到 9 点，记录测量数据。

2. 数据处理

例如，测量数据如表 4-1 所列。

表 4-1　直线度测量数据

测点序号	1	2	3	4	5
读数值（μm）	0	+2	+1	+2	−2

3. 描点作图

得到测量数据后，在坐标纸上描点作图，横坐标表示被测工件长度，纵坐标表示各点的测量值。将各点连成折线，就得到被测工件上各点偏离直线的误差曲线，如图 4-1 所示。

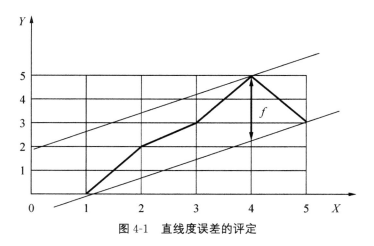

图 4-1　直线度误差的评定

4. 评定直线度误差

作好误差曲线后,应按最小区域法评定直线度误差。作两条平行直线包容误差曲线,且与误差曲线至少有三个呈相间分布的接触点(如图 4-1 中呈低-高-低相间分布的三个接触点),这两条平行直线在 Y 方向的距离 f 即为直线度误差(如图 4-1 中直线度误差 f 为 $2.8\mu m$)。

5. 判断合格性

根据测量所评定的直线度误差 f_- 与给定的直线度公差比较来判断其合格性。当直线度误差 $f_-\leqslant$直线度公差时,为合格。

4.1.5　项目任务单

4.1　直线度误差的测量

一、测量对象和要求

　　1. 被测件图号＿＿＿＿＿＿＿＿＿＿＿＿＿。

　　2. 工件直线度公差＿＿＿＿＿＿＿＿＿＿ mm。

二、测量器具

器具名称		分度值(mm)	示值范围(mm)	测量范围(mm)
1.	千分表			
	百分表			
2. 平板等级		＿＿＿＿＿＿级		

三、测量记录和数据处理

测量序号 i	1	2	3	4	5	6	7	8	9	10

续表

读数值 a_i(mm)									

四、误差曲线图

直线度误差 $f=$ ＿＿＿＿＿＿＿＿＿＿ mm。

五、判断合格性

4.1.6　考核标准

（1）实验课认真听讲，掌握量具的工作原理和使用方法，规范使用测量器具。（40%）

（2）完成指定被测数据的检测，填写对应的质量检测报告，判断零件是否合格。（40%）

（3）测量结果的准确性，工位的 6S 职业素养维护情况。（20%）

▷ 4.2　圆度误差的测量

4.2.1　实验目的

（1）掌握圆度误差的测量方法。

（2）加深对圆度误差和公差概念的理解。

4.2.2　实验内容

用指示表测量圆柱的圆度误差。

4.2.3　测量原理

用指示表测量圆柱的圆度误差的方法如图 4-2 所示。测量时将被测零件放在平板上的 V 形架内，测量若干截面的圆度

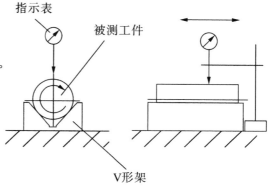

图 4-2　用指示表测量圆度误差

误差。

4.2.4 测量步骤

1. 实验准备

如图 4-2 所示,将工件放在平板上 V 形架内,将百分表装在测量架上。

2. 测量数据

在被测零件回转一周过程中,测量一个横截面上的最大与最小读数,最大值与最小值差值的一半就是该截面上的圆度误差。按上述方法,测量若干个横截面的圆度误差。

3. 判断合格性

根据测量所评定的圆度误差与给定的圆度公差比较来判断其合格性。当所有截面的圆度误差≤圆度公差时,为合格。

4.2.5 项目任务单

<table>
<tr><td colspan="6" align="center">4.2 圆度误差的测量</td></tr>
</table>

一、测量对象和要求

  1.被测件图号＿＿＿＿＿＿＿＿＿＿。

  2.被测件圆度公差＿＿＿＿＿＿＿ mm。

二、测量器具

	器具名称	分度值(mm)	示值范围(mm)
1.	杠杆百分表		
	千分表		
2.平板等级		＿＿＿＿＿＿＿＿＿级	

三、测量记录和计算

测量截面	1	2	3	4	5
最大值					
最小值					
截面圆度误差					

四、判断合格性

4.2.6　考核标准

(1)实验课认真听讲,掌握量具的工作原理和使用方法,规范使用测量器具。(40%)

(2)完成指定被测数据的检测,填写对应的质量检测报告,判断零件是否合格。(40%)

(3)测量结果的准确性,工位的 6S 职业素养维护情况。(20%)

➢4.3　圆柱度误差的测量

4.3.1　实验目的

(1)掌握圆柱度误差的测量方法。

(2)加深对圆柱度误差和公差概念的理解。

4.3.2　实验内容

用指示表测量圆柱的圆柱度误差。

4.3.3　测量原理

用指示表测量圆柱的圆度误差的方法如图 4-3 所示。测量时将被测零件放在平板上的 V 形架内,测量若干截面的圆度误差。数据处理后得出圆柱度误差。

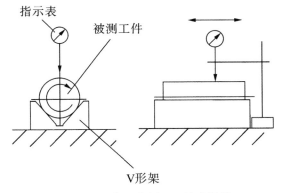

图 4-3　用指示表测量圆柱度误差

4.3.4　测量步骤

1. 实验准备

如图 4-3 所示,将工件放在平板上 V 形架内,将百分表装在测量架上。

2. 测量数据

在被测零件回转一周过程中,测量一个横截面上的最大与最小读数,最大值与最小值差值的一半就是该截面上的圆度误差。按上述方法,连续测量若干个横截面的圆度误差,然后取各截面内所测得的所有读数中最大与最小读数的差值的一半,作为该零件的圆柱度误差(表 4-2)。

表 4-2 圆柱度误差数据处理

测量截面	1	2	3	4	5	圆柱度误差
最大值	+0.03	+0.04	+0.02	+0.03	+0.025	0.025
最小值	+0.01	+0.01	0	+0.005	-0.01	

3. 判断合格性

根据测量所评定的圆柱度误差与给定的圆柱度公差比较来判断其合格性。当所有截面的圆柱度误差≤圆柱度公差时,为合格。

4.3.5 项目任务单

4.3 圆柱度误差的测量

一、测量对象和要求

1. 被测件图号_____。

2. 被测件圆柱度公差_____ mm。

二、测量器具

器具名称		分度值(mm)	示值范围(mm)
1.	杠杆百分表		
	千分表		
2. 平板等级		_____级	

三、测量记录和计算

测量截面	1	2	3	4	5
最大值					
最小值					
圆柱度误差					

四、判断合格性

4.3.6 考核标准

(1)实验课认真听讲,掌握量具的工作原理和使用方法,规范使用测量器具。(40%)

（2）完成指定被测数据的检测，填写对应的质量检测报告，判断零件是否合格。（40%）

（3）测量结果的准确性，工位的 6S 职业素养维护情况。（20%）

▶ 4.4 平行度误差的测量

4.4.1 实验目的

（1）掌握平行度误差的测量方法。

（2）加深对平行度误差和公差概念的理解。

（3）加深理解位置误差测量中基准的体现方法。

4.4.2 实验内容

用指示表测量平面对基准平面的平行度误差。

4.4.3 测量原理

面对面的平行度误差用指示表按一定的线路测量被测平面，数据处理后得到平行度误差。

4.4.4 测量步骤

1. 实验准备

将工件放在平板上，将百分表装在测量架上。

2. 测量数据

在平板上移动测量架，用指示表按图 4-4 的线路测量被测平面，记录测量数据。

3. 计算平行度误差

按上述方法测量数据后，计算最大值与最小值之差即为平行度误差。

4. 判断合格性

根据测量结果和被测工件的公差要求判断被测工件是否合格。

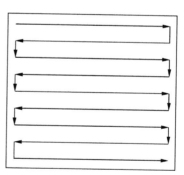

图 4-4 用指示表测量平行度
误差线路图

4.4.5 项目任务单

4.4 平行度误差的测量

一、测量对象和要求

　1.被测件图号_____。

　2.被测平面对基准平面的平行度的公差_____ mm。

二、测量器具

器具名称	分度值(mm)	示值范围(mm)
1.百分表		
2.平板等级	_____级	

三、测量记录和计算

测量点	最大值	最小值	平行度误差
读数			

四、判断合格性

4.4.6　考核标准

（1）实验课认真听讲,掌握量具的工作原理和使用方法,规范使用测量器具。（40%）

（2）完成指定被测数据的检测,填写对应的质量检测报告,判断零件是否合格。（40%）

（3）测量结果的准确性,工位的6S职业素养维护情况。（20%）

4.5　垂直度误差的测量

4.5.1　实验目的

（1）掌握垂直度误差的测量方法。

（2）加深对垂直度误差和公差概念的理解。

（3）加深理解位置误差测量中基准的体现方法。

4.5.2　实验内容

用指示表测量平面对基准轴线的垂直度误差。

4.5.3　测量原理

面对线的垂直度误差用指示表按一定的线路测量被测平面,数据处理后得到垂直度误差。

4.5.4　测量步骤

1.实验准备

将工件放在平板上,将百分表装在测量架上。

2. 测量数据

在平板上移动测量架,用指示表按图 4-5 的线路测量被测平面,记录测量数据。

3. 计算垂直度误差

按上述方法测量数据后,计算最大值与最小值之差即为垂直度误差。

4. 判断合格性

根据测量结果和被测工件的公差要求判断被测工件是否合格。

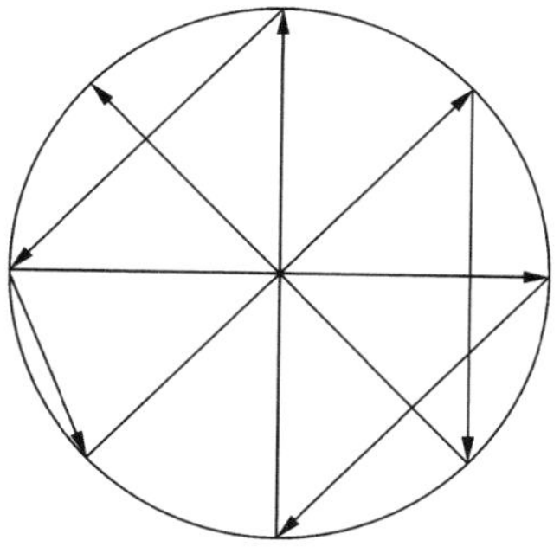

图 4-5 用指示表测量垂直度
误差线路图

4.5.5 项目任务单

4.5 垂直度误差的测量

一、测量对象和要求

1. 被测件图号＿＿＿＿＿＿＿＿＿＿＿。

2. 被测平面对基准轴线的垂直度的公差＿＿＿＿＿＿＿＿＿＿ mm。

二、测量器具

器具名称	分度值(mm)	示值范围(mm)
1. 百分表		
2. 平板等级	＿＿＿＿＿＿＿＿＿级	

三、测量记录和计算

测量点	最大值	最小值	垂直度误差
读数			

四、判断合格性

4.5.6 考核标准

(1)实验课认真听讲,掌握量具的工作原理和使用方法,规范使用测量器具。(40%)

(2)完成指定被测数据的检测,填写对应的质量检测报告,判断零件是否合格。(40%)

(3)测量结果的准确性,工位的 6S 职业素养维护情况。(20%)

❯❯ 4.6 同轴度误差的测量

4.6.1 实验目的

(1)掌握同轴度误差的测量方法。

(2)加深对同轴度误差和公差概念的理解。

(3)加深理解位置误差测量中基准的体现方法。

4.6.2 实验内容

用指示表测量圆柱的同轴度误差。

4.6.3 测量原理

用指示表测量圆柱的同轴度误差。测量时将被测零件基准圆柱面放在平板上的 V 形架内,测量被测圆柱面若干截面的同轴度误差。

4.6.4 测量步骤

1. 实验准备

将工件基准圆柱面放在平板上 V 形架内,将百分表装在测量架上。

2. 测量数据

在被测零件回转一周过程中,测量被测圆柱面一个横截面上的最大与最小读数,最大值与最小值的差值就是该截面上的同轴度误差。按上述方法,测量若干个横截面的同轴度误差。

3. 判断合格性

根据测量所评定的同轴度误差与给定的同轴度公差比较来判断其合格性。当所有截面的同轴度误差≤同轴度公差时,为合格。

4.6.5 项目任务单

4.6 同轴度误差的测量

一、测量对象和要求

  1. 被测件图号＿＿＿＿＿＿＿＿＿＿＿。

  2. 被测件同轴度公差＿＿＿＿＿＿＿＿ mm。

二、测量器具

器具名称	分度值(mm)	示值范围(mm)
1. 杠杆百分表		
2. 平板等级	＿＿＿＿＿＿＿＿＿＿级	

续表

三、测量记录和计算

测量截面	1	2	3	4	5
最大值					
最小值					
截面同轴度误差					

四、判断合格性

4.6.6　考核标准

（1）实验课认真听讲，掌握量具的工作原理和使用方法，规范使用测量器具。（40%）

（2）完成指定被测数据的检测，填写对应的质量检测报告，判断零件是否合格。（40%）

（3）测量结果的准确性，工位的 6S 职业素养维护情况。（20%）

▷ 4.7　径向圆跳动和径向全跳动的测量

4.7.1　实验目的

（1）掌握径向圆跳动误差和径向全跳动误差的测量方法。

（2）加深对径向圆跳动和径向全跳动误差和公差概念的理解。

4.7.2　实验内容

用指示表在偏摆检查仪上测量工件的径向圆跳动误差和径向全跳动误差。

4.7.3　测量原理

径向圆跳动和径向全跳动的测量原理如图 4-6 所示。被测工件旋转一周，指示表最大值和最小值的差值就是径向圆跳动误差；连续测量若干截面，所有测量值的最大值和最小值的差值就是径向全跳动误差。

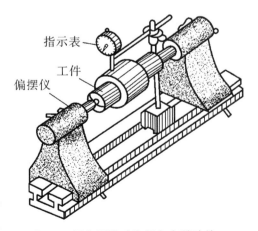

图 4-6　径向圆跳动和径向全跳动的
测量原理

4.7.4　测量步骤

1. 实验准备

如图 4-6 所示,将被测工件装在偏摆检查仪的两顶尖之间,将百分表装在测量架上。

2. 测量径向圆跳动误差

调节指示表,使测头与工件被测圆柱面接触,并有 1～2 圈的压缩量。将被测工件回转一周,指示表的最大读数与最小读数之差即为所测截面的径向圆跳动误差。测量若干截面上的径向圆跳动误差,取其最大值作为该被测要素的径向圆跳动误差。

3. 测量径向全跳动误差

调节指示表,使测头与工件外圆表面的最高点接触,并有 1～2 圈的压缩量。将被测工件回转一周,记录指示表的最大读数与最小读数。连续测量若干截面,所有测得值最大值与最小值之差就是径向全跳动误差。

4. 判断合格性

根据测量结果和被测工件的公差要求判断被测工件是否合格。

4.7.5　项目任务单

4.7　径向圆跳动和径向全跳动的测量

一、测量对象和要求

　　1.被测件图号_____。

　　2.零件的径向圆跳动公差_____ mm。

　　3.零件的径向全跳动公差_____ mm。

二、测量器具

　　1.跳动检查仪。

　　2.百分表:分度值_____ mm,示值范围_____ mm。

　　3.千分表:分度值_____ mm,示值范围_____ mm。

三、测量记录和计算

　　1.径向圆跳动。

指示表读数 （mm）	M_{1max}	M_{2max}	M_{3max}	M_{4max}	M_{5max}
	M_{1min}	M_{2min}	M_{3min}	M_{4min}	M_{5min}
$M_{imax}—M_{imin}$					

续表

$f_{\nearrow}=(M_{i\max}-M_{i\min})$的最大值＝＿＿＿＿＿＿＿ mm。				

2. 径向全跳动。

指示表读数(mm)	$M_{\max}$		$M_{\min}$	
$F=M_{\max}-M_{\min}=$＿＿＿＿＿＿＿ mm。				

四、判断合格性

4.7.6　考核标准

（1）实验课认真听讲，掌握量具的工作原理和使用方法，规范使用测量器具。（40%）

（2）完成指定被测数据的检测，填写对应的质量检测报告，判断零件是否合格。（40%）

（3）测量结果的准确性，工位的 6S 职业素养维护情况。（20%）

▷ 4.8　端面圆跳动和端面全跳动的测量

4.8.1　实验目的

（1）掌握端面圆跳动误差和端面全跳动误差的测量方法。

（2）加深对端面圆跳动和端面全跳动误差和公差概念的理解。

4.8.2　实验内容

用指示表在偏摆检查仪上测量工件的端面圆跳动误差和端面全跳动误差。

4.8.3　测量原理

端面圆跳动和端面全跳动的测量原理如图 4-7 所示。被测工件旋转一周，指示表最大值和最小值的差值就是端面圆跳动误差；连续测量若干截面，所有测量值的最大值和最小值的差值就是端面全跳动误差。

4.8.4　测量步骤

1. 实验准备

将被测工件装在偏摆检查仪的两顶尖之间，将百分表装在测量架上。

2. 测量端面圆跳动误差

调节指示表，使测头与工件被测端面接触，并有 1～2 圈的压缩量。将被测工件回转一周，指示表的最大读数与最小读数之差即为所测截面的端面圆跳动误差。测量若干直径上的端面圆跳动误差，取其最大值作为该被测要素的端面圆跳动误差。

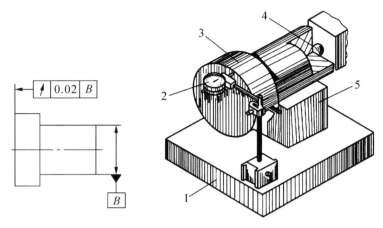

1—平板　2—指示表　3—被测工件　4—支撑　5—V形块

图 4-7　端面圆跳动和端面全跳动的测量原理

3. 测量端面全跳动误差

调节指示表,使测头与工件端面接触,并有 1～2 圈的压缩量。将被测工件回转一周,记录指示表的最大读数与最小读数。连续测量若干直径上的端面,所有测得值最大值与最小值之差就是端面全跳动误差。

4. 判断合格性

根据测量结果和被测工件的公差要求判断被测工件是否合格。

4.8.5　项目任务单

4.8　端面圆跳动和端面全跳动的测量

一、测量对象和要求

　　1. 被测件图号_____。

　　2. 零件的端面圆跳动公差_____ mm。

　　3. 零件的端面全跳动公差_____ mm。

二、测量器具

　　1. 跳动检查仪。

　　2. 百分表:分度值_____ mm,示值范围_____ mm。

　　3. 千分表:分度值_____ mm,示值范围_____ mm。

三、测量记录和计算

　　1. 端面圆跳动。

续表

指示表读数 （mm）	$M_{1\max}$	$M_{2\max}$	$M_{3\max}$	$M_{4\max}$	$M_{5\max}$
	$M_{2\min}$	$M_{2\min}$	$M_{3\min}$	$M_{4\min}$	$M_{5\min}$
$M_{i\max}-M_{i\min}$					

$$f_{\nearrow}=(M_{i\max}-M_{i\min})\text{的最大值}=\underline{\hspace{3cm}}\text{ mm。}$$

2. 端面全跳动。

指示表读数（mm）	$M_{\max}$		$M_{\min}$	

$$F=M_{\max}-M_{\min}=\underline{\hspace{3cm}}\text{ mm。}$$

四、判断合格性

4.8.6　考核标准

（1）实验课认真听讲,掌握量具的工作原理和使用方法,规范使用测量器具。（40%）

（2）完成指定被测数据的检测,填写对应的质量检测报告,判断零件是否合格。（40%）

（3）测量结果的准确性,工位的 6S 职业素养维护情况。（20%）

▷ 4.9　对称度误差的测量

4.9.1　实验目的

（1）掌握对称度误差的测量方法。

（2）加深对对称度误差和公差概念的理解。

4.9.2　实验内容

用指示表测量工件方槽的对称度误差。

4.9.3　测量原理

如图 4-8 所示,测量工件 2 的被测方槽中心平面对基准平面的对称度误差。先用指示表在方槽的一个面内（图 4-8 中面①）测量该表面到平板的距离,将工件翻转 180°,重复上述步骤,测得方槽表面②到平板的距离,①、②两面对应点的读数差为该截面的对称度误差必要时可测量若干个截面,取其最大误差作为横截面的对称度误差值。

4.9.4 测量步骤

1. 实验准备

如图 4-8 所示,将工件放在平板上,将指示表装在表架上。

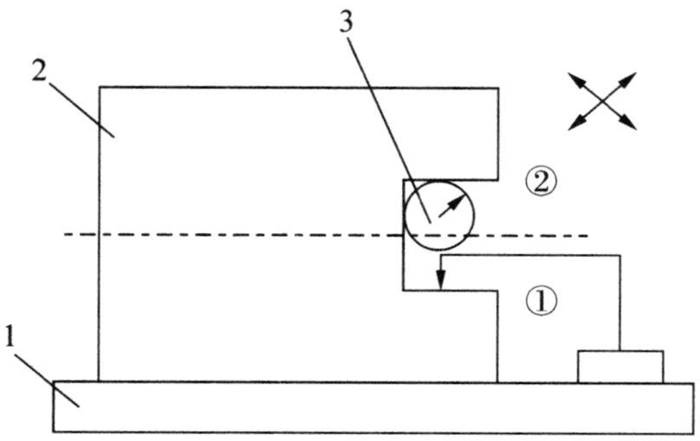

1-平板 2-工件 3-指示表

图 4-8 方槽对称度误差测量

2. 测量横截面的对称度误差

先用指示表在方槽的一个面内(图 4-8 中面①)测量该表面到平板的距离,将工件翻转180°,重复上述步骤,测得方槽表面②到平板的距离,①、②两面对应点的读数差为该截面的对称度误差。按上述方法可测量 3 个截面,取其最大误差作为横截面的对称度误差值。

3. 判断合格性

根据测量结果和被测工件的公差要求判断被测工件是否合格。

4.9.5 项目任务单

4.9 对称度误差的测量

一、测量对象和要求

  1. 被测工件图号＿＿＿＿＿＿＿＿＿＿＿＿。

  2. 方槽的对称度公差＿＿＿＿＿＿＿＿＿ mm。

二、测量器具

1. 百分表:分度值＿＿＿＿＿＿＿＿＿＿ mm,示值范围为＿＿＿＿＿＿＿＿＿ mm。	
2. 平板等级	＿＿＿＿＿＿＿＿级

三、测量记录和计算

表上读数(mm)			各对应点对称度误差(mm)
H_{1a}		H_{2a}	$f_a =$
H_{1b}		H_{2b}	$f_b =$
H_{1c}		H_{2c}	$f_c =$

四、判断合格性

4.9.6　考核标准

（1）实验课认真听讲，掌握量具的工作原理和使用方法，规范使用测量器具。（40%）

（2）完成指定被测数据的检测，填写对应的质量检测报告，判断零件是否合格。（40%）

（3）测量结果的准确性，工位的 6S 职业素养维护情况。（20%）

项目 5　普通螺纹尺寸检测

≫ 5.1　普通外螺纹大径、螺距和牙形角检测

5.1.1　实验目的

(1)理解普通螺纹的标注含义。

(2)熟悉用游标卡尺测量外螺纹大径尺寸的方法。

(3)熟悉用螺纹样板检测外螺纹螺距和牙形角的方法。

5.1.2　实验内容

(1)用游标卡尺测量外螺纹大径尺寸。

(2)用螺纹样板检测外螺纹螺距和牙形角。

5.1.3　测量原理

用游标卡尺测量外螺纹大径尺寸和用游标卡尺测量外径尺寸的方法一样。

螺纹样板是带有确定的螺距及牙形,且满足一定的准确度要求,用作螺纹标准对类同的螺纹进行测量的标准件。螺纹样板一般成套使用。

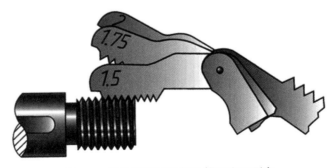

图 5-1　螺纹样板测量螺纹螺距和牙形角

5.1.4　测量步骤

1. 外螺纹大径的测量

用游标卡尺测量外螺纹大径尺寸,记录数据。

2. 外螺纹螺距和牙形角的检测

用螺纹样板检测外螺纹螺距和牙形角,记录数据。

3. 判断合格性

根据测量结果和被测工件的公差要求判断被测工件是否合格。

5.1.5　项目任务单

5.1　普通外螺纹大径、螺距和牙形角检测

一、测量对象和要求

　　被测工件图号＿＿＿＿＿＿＿＿＿＿＿＿＿＿。

二、测量器具

　　游标卡尺:分度值＿＿＿＿＿＿＿＿＿＿,测量范围为＿＿＿＿＿＿＿＿＿＿。

三、测量记录和计算

测量项目	公称直径	实测量大径	实测螺距	实测牙形角
被测螺纹 1				
被测螺纹 2				
被测螺纹 3				
被测螺纹 4				

四、判断合格性

　　被测螺纹 1:

　　被测螺纹 2:

　　被测螺纹 3:

　　被测螺纹 4:

5.1.6　考核标准

（1）实验课认真听讲,掌握量具的工作原理和使用方法,规范使用测量器具。（40%）

（2）完成指定被测数据的检测,填写对应的质量检测报告,判断零件是否合格。（40%）

（3）测量结果的准确性,工位的 6S 职业素养维护情况。（20%）

〉5.2　普通外螺纹中径尺寸检测

5.2.1　实验目的

(1)理解螺纹中径的含义和作用。

(2)了解螺纹千分尺的结构原理和测量精度。

(3)熟悉螺纹千分尺测量的方法和螺纹中径合格性判定方法。

5.2.2　实验内容

用螺纹千分尺测量外螺纹的中径并判断合格性。

5.2.3　测量原理

螺纹千分尺具有 60°锥形和 V 形测头,主要用于测量外螺纹中径。螺纹千分尺是应用螺旋副传动原理将回转运动变为直线运动的一种量具。螺纹千分尺按读数形式分为标尺式和数显式,其结构如图 5-2 所示。螺纹千分尺又称为插头千分尺,除了测量头以外,它的其他结构与外径千分尺的结构相同。螺纹千分尺的两个测量头是可换的,在测量时,当两个测量头的测量面与被测螺纹的牙形紧密接触后,测量头不再随着测量杆转动而只做轴向移动,所以螺纹千分尺属于直进式千分尺。

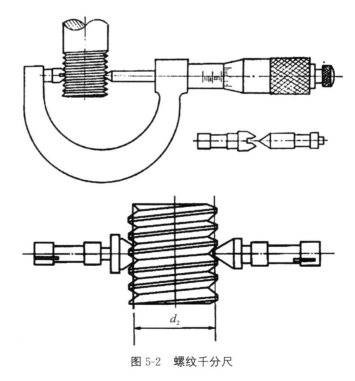

图 5-2　螺纹千分尺

5.2.4　测量步骤

1. 选择测头

根据被测螺纹的公称直径和螺距选择合适的千分尺和测头。特别注意测头上表示所测螺距的数字,而且 V 形测头与锥形测头应成对使用。

表 5-1　测头组对应的螺距

测头组代号	1	2	3	4	5
对应的螺距(mm)	0.4～0.5	0.6～0.8	1.0～1.25	1.5～2.0	2.5～3.5

2. 清洁量具和工件

测量前,要用小毛刷蘸汽油把被测螺纹擦洗干净,将被测螺纹牙沟中的油污、铁屑等污物擦净,以免造成测量误差。

3. 测量数据

将螺纹千分尺的 V 形测头"卡口"跨在牙尖上,锥形测头插入牙沟内,然后准确读数。

4. 判断合格性

根据测量结果和被测工件的公差要求判断被测工件是否合格。

5.2.5　项目任务单

5.2　普通外螺纹中径尺寸检测

一、测量对象和要求

被测件图号＿＿＿＿＿＿＿＿＿＿＿。

二、测量器具

螺纹千分尺:分度值＿＿＿＿＿＿,测量中径尺寸范围为＿＿＿＿＿＿,测量螺距范围为＿＿＿＿＿＿。

三、测量记录和计算

测量项目	大径尺寸及公差代号	中径尺寸及上下偏差	中径上极限尺寸	中径下极限尺寸	实测中径
被测螺纹 1					
被测螺纹 2					

四、判断合格性

被测螺纹 1:

被测螺纹 2:

5.2.6　考核标准

(1)实验课认真听讲,掌握量具的工作原理和使用方法,规范使用测量器具。(40%)

(2)完成指定被测数据的检测,填写对应的质量检测报告,判断零件是否合格。(40%)

(3)测量结果的准确性,工位的 6S 职业素养维护情况。(20%)

5.3　螺纹塞规和螺纹环规检验内、外螺纹

5.3.1　实验目的

(1)了解螺纹塞规和螺纹环规的检验原理。

(2)熟悉螺纹塞规和螺纹环规的使用方法和螺纹合格性判定方法。

5.3.2　实验内容

用螺纹塞规和螺纹环规检验内、外螺纹并判断合格性。

5.3.3　测量原理

用螺纹量规检验螺纹是一种模拟装配式的检验方法,既简单又可靠。螺纹量规包括检验外螺纹的螺纹环规和检验内螺纹的螺纹塞规,螺纹塞规和螺纹环规又分为通规(端)和止规(端)两种。检验时,若螺纹量规通规(端)能通过或旋合被测螺纹,止规(端)不能通过被测螺纹或不能完全旋合,就表示被测螺纹的作用中径和单一中径(实际中径)合格。

5.3.4　测量步骤

1. 清洁量具和工件

测量前,要把螺纹量规和被测螺纹擦洗干净,将被测螺纹牙沟中的油污、铁屑等污物擦净,以免造成检测误差。

2. 螺纹量规检验

将螺纹量规与被测螺纹对正后,轻轻旋转螺纹量规,通端能顺利旋进被测螺纹,止端不能旋入被测螺纹,或止端旋入不超过 2 个螺距,则该螺纹为合格,否则为不合格。

3. 判断合格性

根据检测量结果判断被测工件是否合格。

5.3.5　项目任务单

5.3　螺纹塞规和螺纹环规检验内、外螺纹

一、测量对象和要求

被测件 1 图号＿＿＿＿＿＿＿＿＿,被测件 2 图号＿＿＿＿＿＿＿＿＿。

二、测量器具

　　螺纹环规规格_____,螺纹塞规规格_____。

三、测量记录和计算

测量项目	图纸尺寸	使用量具	通端	止端	判断合格性
被测外螺纹 1					
被测外螺纹 2					
被测内螺纹 1					
被测内螺纹 2					
被测内螺纹 3					

5.3.6　考核标准

　　(1)实验课认真听讲,掌握量具的工作原理和使用方法,规范使用测量器具。(40%)

　　(2)完成指定被测数据的检测,填写对应的质量检测报告,判断零件是否合格。(40%)

　　(3)测量结果的准确性,工位的 6S 职业素养维护情况。(20%)

项目 6　表面粗糙度的测量

▷6.1　用表面粗糙度样块测量表面粗糙度

6.1.1　实验目的

了解用表面粗糙度样块测量表面粗糙度的原理和方法。

6.1.2　实验内容

用表面粗糙度样块测量零件表面的 R_a。

6.1.3　测量原理

将被测表面与表面粗糙度样板比较,测量被测表面的表面粗糙度数值。要求:表面粗糙度样块在形状、材料、加工方法、加工纹理等方面与被测表面相同。

6.1.4　测量步骤

1. 选择表面粗糙度样板

根据被测表面的形状、材料、加工方法、加工纹理等选择合适的标准样块。

2. 对比测量表面粗糙度数值

将被测表面与相应的标准样块对照比较,选择最接近的标准样块表面粗糙度数值作为被测表面的粗糙度。

6.1.5　项目任务单

6.1　表面粗糙度的测量

一、测量器具

表面粗糙度对比样块。

二、测量记录

工件代号	外圆车 1	外圆车 2	外圆车 3	外圆车 4
测得粗糙度值				

工件代号	端铣 1	端铣 2	端铣 3	端铣 4
测得粗糙度值				
工件代号	刨 1	刨 2	刨 3	刨 4
测得粗糙度值				
工件代号	平磨 1	平磨 2	平磨 3	平磨 4
测得粗糙度值				

6.1.6　考核标准

(1)实验课认真听讲,掌握量具的工作原理和使用方法,规范使用测量器具。(40%)

(2)完成指定被测数据的检测,填写对应的质量检测报告,判断零件是否合格。(40%)

(3)测量结果的准确性,工位的 6S 职业素养维护情况。(20%)

项目 7　齿轮的测量

> 7.1　齿轮齿厚偏差的测量

7.1.1　实验目的

(1)学会用齿厚游标卡尺测量齿轮齿厚的方法。

(2)加深对齿轮齿厚偏差含义的理解。

7.1.2　实验内容

用齿厚游标卡尺测量齿轮齿厚偏差。

7.1.3　测量原理

齿厚游标卡尺由两套互相垂直的游标尺组成,垂直游标尺用来控制测量部分的玄齿高;水平游标尺用来测量分度圆玄齿厚。齿厚游标卡尺的读数原理和读数方法与普通游标卡尺相同。如图 7-1 所示。

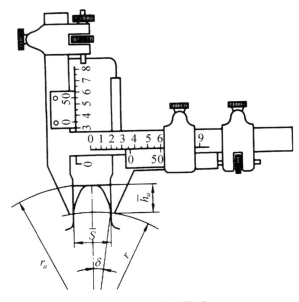

图 7-1　齿厚偏差的测量

齿厚偏差是指在分度圆柱面上,法向齿厚的实际值与公称值之差。用齿厚游标卡尺测量齿轮齿厚偏差,是以齿顶圆为基准。测量时将齿厚游标卡尺置于被测齿轮上,使垂直游标尺的定位尺与齿顶相接触,移动水平游标尺使卡脚紧紧夹住齿面,从水平游标尺上读出玄齿厚的实际尺寸,算出该齿的齿厚实际偏差:

$$\Delta E = S' - S。$$

式中:ΔE——齿厚实际偏差;

S'——齿厚的实际尺寸;

S——齿厚的公称值。

7.1.4 测量步骤

1. 测量齿顶圆的实际直径

用游标卡尺测量齿顶圆的实际直径。

2. 计算公称弦齿高和弦齿厚

计算分度圆处公称弦齿高和弦齿厚。对于标准齿轮可查表 7-1。

3. 调整齿厚游标卡尺

按公称弦齿高调整齿厚游标卡尺的垂直尺,并拧紧紧定螺钉。

4. 测量数据

将齿厚游标卡尺置于被测齿轮上,使垂直游标尺的定位尺与齿顶接触。然后移动水平游标尺测量弦齿厚。在齿圈上每隔 90°检查一个齿,共测四个齿,分别计算各轮齿的齿厚偏差。

5. 判断合格性

根据测量结果和被测齿轮的齿厚上、下偏差要求,判断被测齿轮的齿厚是否合格。

表 7-1 标准齿轮分度圆上的弦齿厚和弦齿高($m = 1$mm)

齿数	分度圆弦齿厚(mm)	分度圆弦齿高(mm)	齿数	分度圆弦齿厚(mm)	分度圆弦齿高(mm)	齿数	分度圆弦齿厚(mm)	分度圆弦齿高(mm)
6	1.5529	1.1022	26	1.5698	1.0237	46	1.5705	1.0134
7	1.5568	1.0873	27	1.5699	1.0228	47	1.5705	1.0131
8	1.5607	1.0769	28	1.5700	1.0220	48	1.5705	1.0129
9	1.5628	1.0684	29	1.5700	1.0213	49	1.5705	1.0126
10	1.5643	1.0616	30	1.5701	1.0205	50	1.5705	1.0123
11	1.5654	1.0559	31	1.5701	1.0199	51	1.5706	1.0121
12	1.5663	1.0514	32	1.5702	1.0193	52	1.5706	1.0119
13	1.5670	1.0474	33	1.5702	1.0187	53	1.5706	1.0117
14	1.5675	1.0440	34	1.5702	1.0181	54	1.5706	1.0114

续表

齿数	分度圆弦齿厚(mm)	分度圆弦齿高(mm)	齿数	分度圆弦齿厚(mm)	分度圆弦齿高(mm)	齿数	分度圆弦齿厚(mm)	分度圆弦齿高(mm)
15	1.5679	1.0411	35	1.5702	1.0176	55	1.5706	1.0112
16	1.5683	1.0385	36	1.5703	1.0171	56	1.5706	1.0110
17	1.5686	1.0362	37	1.5703	1.0167	57	1.5706	1.0108
18	1.5688	1.0342	38	1.5703	1.0162	58	1.5706	1.0106
19	1.5690	1.0324	39	1.5704	1.0158	59	1.5706	1.0105
20	1.5692	1.0308	40	1.5704	1.0154	60	1.5706	1.0102
21	1.5694	1.0294	41	1.5704	1.0150	61	1.5706	1.0101
22	1.5695	1.0281	42	1.5704	1.0147	62	1.5706	1.0100
23	1.5696	1.0268	43	1.5705	1.0143	63	1.5706	1.0098
24	1.5697	1.0275	44	1.5705	1.0140	64	1.5706	1.0097
25	1.5698	1.0247	45	1.5705	1.0137	65	1.5706	1.0095

注:①表中数值要乘以模数 m;

②对于斜齿轮,z 用 $\dfrac{z}{\cos^3\beta}$ 代替,并按比例插入小数值。

7.1.5　项目任务单

7.1　齿轮齿厚偏差的测量

一、测量对象和要求

　　1.被测直齿圆柱齿轮图号＿＿＿＿＿＿＿＿＿＿＿＿。

　　2.齿轮精度等级＿＿＿＿＿＿,齿数 z ＿＿＿＿＿＿,齿形 α ＿＿＿＿＿＿,模数 m ＿＿＿＿＿＿。

二、测量器具

器具名称	分度值(mm)	测量范围(mm)
齿厚游标卡尺		

三、测量记录和计算

查表值	公称弦齿高 $\overline{h_a}$(mm)		公称弦齿厚 S(mm)		齿距极限偏差 f_{pt}(μm)	
	齿厚上偏差 $E_{SS}=($ 　　　　$)\cdot f_{pt}=$＿＿＿＿＿＿＿＿＿＿ μm。					
	齿厚下偏差 $E_{Si}=($ 　　　　$)\cdot f_{pt}=$＿＿＿＿＿＿＿＿＿＿ μm。					

续表

测量和计算	齿顶圆实际半径 r_a'（mm）	实际弦齿高 $\overline{h_a'}=h_a+\Delta r_a=$ _____ mm。		
	在齿轮圆周分三个等分处测得弦齿厚 S'	1	2	3
	齿厚偏差 $\Delta E_s=S'-S(\mu m)$			

四、测量示意图

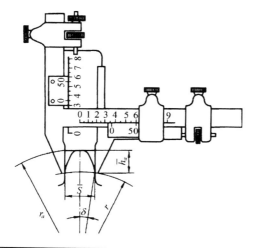

五、判断合格性

7.1.6　考核标准

(1)实验课认真听讲,掌握量具的工作原理和使用方法,规范使用测量器具。(40%)

(2)完成指定被测数据的检测,填写对应的质量检测报告,判断零件是否合格。(40%)

(3)测量结果的准确性,工位的 6S 职业素养维护情况。(20%)

▷7.2　齿轮公法线长度的测量

7.2.1　实验目的

(1)掌握测量齿轮公法线长度的方法。

(2)熟悉公法线平均长度偏差和公法线长度变动的计算方法,并理解两者的含义和区别。

7.2.2　实验内容

(1)用公法线千分尺测量齿轮的公法线长度。

（2）根据测得值计算公法线平均长度偏差和公法线长度变动。

7.2.3 测量原理

公法线千分尺与普通外径千分尺相似，只是改用了一对直径为 30mm 的盘形平面测头，其读数方法与普通外径千分尺的相同。

公法线平均长度偏差 ΔE_W 是指在齿轮一周范围公法线实际长度的平均值与公称值之差。公法线长度变动 ΔF_W 是指在齿轮一周范围偏差内，实际公法线长度最大值与最小值之差。

测量时，要求测头的测量平面在齿轮分度圆附近与左、右齿廓相切，因此跨齿数不是任意取得的。当齿形角 $\alpha=20°$，齿数为 z 时，取 $k=z/9+0.5$ 的整数（按四舍五入取整）。公法线长度公称值 W 和跨齿数 k 也可从表 7-2 中查出。

表 7-2 直齿圆柱齿轮公法线长度的公称值（$\alpha=20°, m=1mm, x=0$）

齿轮齿数	跨齿数	公法线长度（mm）	齿轮齿数	跨齿数	公法线长度（mm）	齿轮齿数	跨齿数	公法线长度（mm）
8	2	4.540	39	5	13.831	70	8	23.121
9	2	4.554	40	5	13.845	71	8	23.135
10	2	4.568	41	5	13.859	72	9	26.101
11	2	4.582	42	5	13.873	73	9	26.116
12	2	4.596	43	5	13.887	74	9	26.129
13	2	4.610	44	5	13.901	75	9	26.143
14	2	4.624	45	6	16.867	76	9	26.157
15	2	4.638	46	6	16.881	77	9	26.171
16	2	4.652	47	6	16.895	78	9	26.185
17	2	4.666	48	6	16.909	79	9	26.200
18	3	7.632	49	6	16.923	80	9	26.213
19	3	7.646	50	6	16.937	81	10	29.180
20	3	7.660	51	6	16.951	82	10	29.194
21	3	7.674	52	6	16.965	83	10	29.208
22	3	7.688	53	6	16.979	84	10	29.222
23	3	7.702	54	7	19.945	85	10	29.236
24	3	7.716	55	7	19.959	86	10	29.250
25	3	7.730	56	7	19.973	87	10	29.264
26	3	7.744	57	7	19.987	88	10	29.278
27	4	10.711	58	7	20.001	89	10	29.292
28	4	10.725	59	7	20.015	90	11	32.258
29	4	10.739	60	7	20.029	91	11	32.272
30	4	10.753	61	7	20.043	92	11	32.286

续表

齿轮齿数	跨齿数	公法线长度 （mm）	齿轮齿数	跨齿数	公法线长度 （mm）	齿轮齿数	跨齿数	公法线长度 （mm）
31	4	10.767	62	7	20.057	93	11	32.300
32	4	10.781	63	8	23.023	94	11	32.314
33	4	10.795	64	8	23.037	95	11	32.328
34	4	10.809	65	8	23.051	96	11	32.342
35	4	10.823	66	8	23.065	97	11	32.350
36	5	13.789	67	8	23.079	98	11	32.370
37	5	13.803	68	8	23.093	99	12	35.336
38	5	13.817	69	8	23.107	100	12	35.350

7.2.4　测量步骤

1. 确定跨齿数和公法线长度

根据齿轮的已知参数计算或查表 7-2 确定被测齿轮的跨齿数 n 和公法线公称长度 W（图 7-2）。

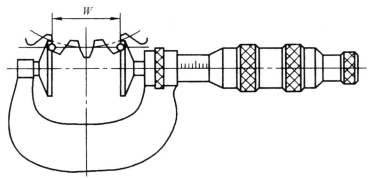

图 7-2　齿轮公法线的测量

2. 校对公法线千分尺

根据所得的公法线长度选择测量范围相适应的公法线千分尺，并用标准棒校对零线。

3. 测量数据

用左手捏住公法线千分尺，将两测头伸入齿槽内，逐次测量齿轮上均布的六处实际公法线长度，记下各读数。

4. 计算公法线长度变动和公法线平均长度偏差

计算公法线长度变动 ΔF_W：$\Delta F_W = W_{\max} - W_{\min}$（六个测得值中的最大值与最小值之差）；

计算公法线平均长度偏差 ΔE_W：$\Delta E_W = W_{平均} - W_{公称}$。

5. 判断合格性

根据齿轮的技术要求，查表计算公法线长度变动公差 F_W 及公法线平均长度的上偏

差 E_{WS} 和下偏差 E_{Wi}，按 $\Delta F_W \leqslant F_W$ 和 $E_{Wi} \leqslant \Delta E_W \leqslant E_{WS}$ 判断合格性。

7.2.5 项目任务单

7.2 齿轮公法线长度的测量

一、测量对象和要求

    1. 被测直齿圆柱齿轮图号＿＿＿＿＿＿＿＿＿＿＿。

    2. 齿轮精度等级＿＿＿＿＿＿，齿数 z ＿＿＿＿＿＿，齿形 α ＿＿＿＿＿＿，模数 m ＿＿＿＿＿＿。

二、测量器具

器具名称	分度值(mm)	测量范围(mm)	示值误差
公法线千分尺			

三、测量记录和计算

<table>
<tr><td rowspan="5">测量记录和计算</td><td rowspan="2">沿齿轮一周测 6 次的实际公法线长度值 W'(mm)</td><td>1</td><td>2</td><td>3</td><td>4</td><td>5</td><td>6</td></tr>
<tr><td></td><td></td><td></td><td></td><td></td><td></td></tr>
<tr><td>公法线长度变动 ΔF_W</td><td colspan="3">$\Delta F_W = W_{max} + W_{min}$
$= \underline{\qquad} \mu m$。</td><td colspan="3">公法线长度变动公差</td></tr>
<tr><td>公法线平均长度偏差 ΔE_W</td><td colspan="6">$\Delta E_W = \dfrac{1}{6} \sum W' - W = \underline{\qquad\qquad} \mu m$。</td></tr>
</table>

<table>
<tr><td rowspan="6">查表和计算</td><td>齿轮公法线长度公称值 W(mm)</td><td rowspan="4">齿轮齿厚上偏差 $E_{SS} = \underline{\qquad\qquad} \mu m$。

齿轮齿厚下偏差 $E_{Si} = \underline{\qquad\qquad} \mu m$。</td></tr>
<tr><td>跨齿数 k</td></tr>
<tr><td>齿轮齿圈径向跳动公差 $\pm f_{pt}$(μm)</td></tr>
<tr><td>齿轮齿距极限偏差 F_r(μm)</td></tr>
<tr><td colspan="2">公法线长度上偏差 $E_{WS} = 0.94 E_{SS} - 0.25 F_r = \underline{\qquad\qquad\qquad} \mu m$。</td></tr>
<tr><td colspan="2">公法线长度下偏差 $E_{Wi} = 0.94 E_{SS} + 0.25 F_r = \underline{\qquad\qquad\qquad} \mu m$。</td></tr>
</table>

四、测量示意图

五、判断合格性

7.2.6 考核标准

(1)实验课认真听讲,掌握量具的工作原理和使用方法,规范使用测量器具。(40%)

(2)完成指定被测数据的检测,填写对应的质量检测报告,判断零件是否合格。(40%)

(3)测量结果的准确性,工位的 6S 职业素养维护情况。(20%)

参考文献

［1］徐志慧.公差与技术测量实验指导［M］.上海：上海交通大学出版社,2001.

［2］翟轰.测量技术［M］.南京：东南大学出版社,1995.

［3］黄云清.公差配合与测量技术［M］.北京：机械工业出版社,2004.

［4］杨好学.互换性与技术测量［M］.西安：西安电子科技大学出版社,2006.

［5］任嘉卉.公差与配合手册［M］.北京：机械工业出版社,2000.

［6］何赐方.形位误差测量［M］.北京：中国计量出版社,1998.

［7］唐启昌.齿轮测量［M］.北京：中国计量出版社,1998.

［8］周养萍.互换性与测量技术［M］.上海：上海交通大学出版社,2010.